Professor Stewart's Casebook of Mathematical Mysteries

U0202847

[英] 伊恩·斯图尔特◎著　何生◎译

数学万花筒3

夏尔摩斯探案集

人民邮电出版社

图书在版编目（CIP）数据

数学万花筒. 3, 夏尔摩斯探案集 / （英）伊恩·斯图尔特著；何生译. -- 北京 : 人民邮电出版社, 2017.4
（图灵新知）
ISBN 978-7-115-44434-9

Ⅰ. ①数… Ⅱ. ①伊… ②何… Ⅲ. ①数学一普及读物 Ⅳ. ①01-49

中国版本图书馆CIP数据核字(2016)第316314号

内 容 提 要

　　本书是《数学万花筒（修订版）》《数学万花筒2（修订版）》的续集。在保持一贯的大杂烩风格，收集大量有趣的数学游戏、谜题、故事和八卦之外，伊恩·斯图尔特教授还记录下了居住在贝克街222B的福洛克·夏尔摩斯及其同伴约翰·何生医生破解众多数学疑案的探案冒险。同样地，本书最后给出了那些有已知答案的问题的解答，以及相关话题的更多信息。本书适合各种程度的数学爱好者阅读。

　◆　著　　　　[英] 伊恩·斯图尔特
　　　译　　　　何　生
　　　责任编辑　楼伟珊
　　　责任印制　彭志环
　◆　人民邮电出版社出版发行　　北京市丰台区成寿寺路 11 号
　　　邮编　100164　电子邮件　315@ptpress.com.cn
　　　网址　http://www.ptpress.com.cn
　　　固安县铭成印刷有限公司印刷
　◆　开本：880×1230　1/32
　　　印张：10　　　　　　　　　2017 年 4 月第 1 版
　　　字数：258千字　　　　　　2024 年 7 月河北第 23 次印刷
　　　著作权合同登记号　图字：01-2015-1883 号

定价：49.00元
读者服务热线：(010)84084456-6009　印装质量热线：(010)81055316
反盗版热线：(010)81055315
广告经营许可证：京东市监广登字 20170147 号

中文版序

就像这个系列的前两本书一样，本书也选取了一些数学话题，从短小奇异的数学八卦到数学研究前沿问题的简单探讨，不一而足。它不是那种需要读者从第一页开始，一页页地读到最后的书。相反，读者几乎可以随翻随读，在某一页、某一段中找到兴趣所在。我的目标是用简明易懂的方式，向读者展示如今多姿多彩的数学。因此，书中很少涉及高深的数学知识。

我选择将很多话题，尤其是谜题，演绎为短篇侦探故事。解决数学问题与找到谁是罪犯有许多相似之处。它们都有线索，目标也都是运用证据和逻辑来推理出答案。在英语文学中，最著名的侦探当然是由阿瑟·柯南·道尔爵士虚构出的夏洛克·福尔摩斯，他经常与他的朋友华生医生合作。在本书中，类似的也有福洛克·夏尔摩斯和何生医生。每一桩"案子"都是一道数学谜题。

在描述谜题的故事里，除了有笑话、双关语，还包含了许多维多利亚时期的英国历史，比如像"Great Scott!"这样的口语短语——在那时，它表示"我的天呐!"。我相信，其中有许多是很难翻译的。相对而言，数学则要简单得多。

本书也有一些话题是关于神奇的数学应用，人们往往不会想到那些主题还与数学有关。比如，为什么雁群会以V字形飞行，在杯子里的健力士黑啤的泡泡是如何运动的，贻贝聚生地的几何特性，等等。

尽管这是一本数学书，但我并不打算教会读者什么。（虽然读完之后，你们可能会从中学到一些有用的思想。）我想传达的是，数学远比人们想像的要丰富、多样、实用。它也是充满乐趣、令人着迷的。我希望读者从书中得到的最大收获，就是有机会展现一下自己的数学能力，并从中获得乐趣。

伊恩·斯图尔特
2015年7月于英国考文垂

致　谢

第13页左图和中图：Laurent Bartholdi and André Henriques, "Orange Peels and Fresnel Integrals," *The Mathematical Intelligencer* 34 No. 4 (2012) 1–3.

第13页右图：Luc Devroye.

第22页硬纸盒子案的最初创意来自Moloy De.

第39页选摘出自Mike Keith的*Not a Wake*.

第61–62页俳句：Daniel Mathews, Jonathan Alperin, and Jonathan Rosenberg.

第66页图：http://getyournotes.blogspot.co.uk/2011/08/why-do-some-birds-fly-in-v-formations.html

第70页令人惊叹的平方由Moloy De和Nirmalya Chattopadhyay设计。

第71页三十七疑案的灵感部分来源于Stephen Gledhill的观察。

第73页无提示伪数独：Gerard Butters, Frederick Henle, James Henle, and Colleen McGaughey, "Creating Clueless Puzzles," *The Mathematical Intelligencer* 33 No. 3 (Fall 2011) 102–105.

第94页图：Eric W. Weisstein, "Brocard's Conjecture," from MathWorld—A Wolfram Web Resource: http://mathworld.wolfram.com/BrocardsConjecture.html

第99页右图：Steven Snape.

第107页图：Courtesy of the UW-Madison Archives.

第122页左图：George Steinmetz, courtesy of Anastasia Photo.

第122页右图：NASA, HiRISE on Mars Reconnaissance Orbiter.

第123页右图：Rudi Podgornik.

第124页图：Veit Schwämmle and Hans J. Herrmann, "Geomorphology: Solitary Wave Behaviour of Sand Dunes," *Nature* 426 (2003) 619–620.

第130页图：Persi Diaconis, Susan Holmes and Richard Montgomery, "Dynamical Bias in the Coin Toss," *SIAM Review* 49 (2007) 211–223.

第205页图：Joshua Socolar and Joan Taylor, "An Aperiodic Hexagonal Tile," *Journal of Combinatorial Theory Series A* 118 (2011) 2207–2231; http://link.springer.com/article/10.1007%2Fs00283-011-9255-y

第234–236页图：Michael Elgersma and Stan Wagon, "Closing a Platonic Gap," *The Mathematical Intelligencer* 37 No. 1 (2015) 54–61.

其他图片根据Creative Commons Attribution 3.0协议复制，署名分别如下：

第93页图：Krishnavedala.

第99页左图：Ricardo Liberato.

第100页：Tekisch.

第138页：Andreas Trepte, www.photo-natur.de.

第179页：Braindrain0000.

第182页：LutzL.

第296页下图：Walters Art Museum, Baltimore.

目　录

夏尔摩斯与何生登场

《数学万花筒》在2008年圣诞节前面世。读者似乎很喜欢这种随机融合数学知识、游戏、八卦、轶事、已解的和未解的难题，以及偶尔穿插一些诸如分形、拓扑和费马大定理这样篇幅更长、专业性更强的话题的大杂烩方式。于是，我又在2009年出版了《数学万花筒2》，该书在延续《数学万花筒》风格的同时，又融入了海盗元素。

有人说，三部曲，顾名思义，事不过三。但已故的道格拉斯·亚当斯的《银河系漫游指南》证明了三部曲可以分成四部，乃至五部，不过三听上去是个不错的开端。因此，时隔五年之后，《数学万花筒3》诞生了。不过，这回又有点新花样。书中依然有短小的数学知识，比如666恐惧症、Thrackle猜想、橙子皮是什么形状的、RATS数列和欧几里得涂鸦等；也有大量关于已解的和未解的难题，比如煎饼数、奇数歌德巴赫猜想、埃尔德什差异问题、方枘问题和ABC猜想等；还有各种笑话、诗歌和轶事；更别说数学各种不同寻常的应用，比如在飞的大雁、丛生的贻贝、金钱豹的斑点、健力士黑啤的泡泡等背后的数学。但这回，在这些五花八门的内容之间还穿插着一系列关于一位维多利亚时期的侦探和他的助手的故事——

我知道你现在在想什么。不过，请相信我，我的这个想法是在本尼迪克特·康伯巴奇和马丁·弗里曼主演的福尔摩斯现代演绎大红大紫**前**一年左右产生的。况且，本书主角并不是那对搭档，也不是阿瑟·柯南·道尔爵士原书中的人物。是的，他们也生活在那个时代，但住在**街对面**

的222B。从那里，他们眼巴巴地看着有钱的客户络绎不绝地光顾那对更知名的搭档。但时不时地，他们也会接到一些对面邻居不屑于或无法解决的案子，比如一签名、在公园里打架的狗、恐怖猫门案和古希腊积分案等。每到这时，福洛克·夏尔摩斯和约翰·何生医生都会绞尽脑汁破解谜题，试图展现他们的本色和风采，扭转缺乏存在感的困境。

　　正如你将会看到的，这些都是**数学**疑案。破解它们需要爱好数学且思路清晰，而夏尔摩斯和何生都具备这方面的能力。涉及他们的故事都用🔎进行了标记。随着故事的展开，我们会看到何生医生在阿尔热巴拉斯坦（Al-Jebraistan）的当兵经历、夏尔摩斯和他的宿敌莫亚里蒂教授之间的较量，以及他们最后在辛莱巴赫瀑布之巅的决战。然后——

　　幸好何生医生把他们的探案过程记录在了他的回忆录和没有发表的笔记中。我很感谢能够得到他的后代安德伍德和维里蒂·华生的许可，拜读这些从未示人的家族档案并将部分片段收录于此。

伊恩·斯图尔特

2014年3月于英国考文垂

关于计量单位的说明

在夏尔摩斯和何生所处的年代，英国的标准计量单位是英制，而不是我们如今采用的公制，货币的进位也不是十进制的。虽然美国读者对于英制单位应该没有阅读障碍，但加仑这个单位在英美的用法是不同的，而且如今也已不再使用。为了前后一致，即便在那些不是夏尔摩斯/何生故事的话题里，我也将尽量使用维多利亚时期的计量单位，除非叙述需要必须使用公制。

下面列出了英制单位与公制/十进制单位的转换关系。

多数时候，实际的单位无关要紧：你可以保持数不变，而把"英尺"或"码"替换成非特指的"单位"，或替换成你熟悉的（比如用米代替码）。

长度	
1英尺（ft）=12英寸（in）	304.8毫米
1码（yd）=3英尺	0.9144米
1英里（mi）=1760码=5280英尺	1.609千米
1里格（lea）=3英里	4.827千米
质量	
1磅（lb）=16盎司（oz）	453.6克
1英石（st）=14磅	6.35千克
1英担（cwt）=8英石=112磅	50.8千克
1英吨（t）=20英担=2240磅	1.016吨

货币

1先令（s）=12便士（d）	5新便士
1英镑（£）=20先令=240便士	
1金镑=1英镑	
1几尼=1英镑1先令	1.05英镑
1克朗=5先令	25新便士

失窃金镑丑闻 🔍

　　我们的私家侦探从自己口袋里取出钱包翻了翻，确认里面依旧空空如也，于是叹了口气。站在自己222B公寓的窗边，他愁容满面地注视着街对面。斯特拉迪瓦里琴奏出的爱尔兰乐曲在空中飘扬，在来来往往喧嚣的车马声中隐约可闻。那个人简直让人**难以忍受**！夏尔摩斯眼望着客户络绎不绝地登门拜访他那知名的竞争对手。其中大多数都是上流社会的有钱人。而那些看上去不像上流社会有钱人的人，除了个别例外，也都是**代表**上流社会有钱人的。

　　不法分子就是不对那些会向福洛克·夏尔摩斯寻求帮助的人下手。

　　在过去的两周里，夏尔摩斯羡慕地看着一位接一位的客户登门拜访他们相信是世界上最好的侦探——或者至少是伦敦最好的，但这对于维多利亚时期的英国人来说相当于一回事。与此同时，他自己这边门可罗雀，待付账单堆叠如山，肥皂泡太太还威胁要收回租房。

　　目前他手头只有一个案子。浮华酒店老板哼啐老爷怀疑他的一个服务生偷了1金镑。老实说，夏尔摩斯自己对于区区1金镑的案子觉得还可以凑活，至少在现在这种情况下。但这种事情很难吸引那些哗众取宠的黄色小报的注意，尽管不无可悲的是，他的未来还有赖于它们。

　　夏尔摩斯研究了一下他的案件笔记。阿姆斯特朗、本尼特和康宁汉姆三位朋友一起去酒店用晚餐，结账时拿到了一张30金镑的账单。于是他们每人给了服务生曼纽尔10金镑。但之后主管发现算错了，账单实际只需25金镑。他便给了5金镑让曼纽尔退给客人。由于5金镑没法被三人均分，于是曼纽尔提议客人们给他2金镑当小费，这样客人们就可以有每人1金镑的退款。

客人们答应了这个提议，可主管算来算去觉得不对劲。客人们每人付了9金镑，晚餐费一共27金镑。曼纽尔拿到了2金镑，所以总共加起来是29金镑。

有1金镑不见了。

哼啐老爷觉得是曼纽尔偷的。虽然没有直接证据，但夏尔摩斯知道如果不解开这个疑案，曼纽尔的生计就会受到影响。如果他是因为犯错而被解雇的，那他以后就再也找不到工作了。

那1金镑去哪里了呢？

详解参见第250页。

〜〜 11 的乘法速算* 〜〜

在破案过程中，辨认出模式至关重要。在夏尔摩斯一部未发表和未命名的专著中，他收集了2041个模式示例，以下便是其中之一。试计算

11×91

11×9091

11×909091

11×90909091

11×9090909091

夏尔摩斯会用纸和笔来分析，现代读者如果还记得怎么使用纸笔，也可以试试。你总是可以使用计算器，但它很快会显示不出这么多位数字。这个模式可以无限延续下去：这无法通过计算器证明，但用传统的

---

*本书中许多与破案不直接相关的话题选自何生医生的笔记，其中一些内容已经整理发表（得到了夏尔摩斯的许可），题为《法医万花筒》，对此以后不再说明。有些话题则时间上晚很多，是由何生医生的文学遗产执行人添加的，细心的读者应该一眼就能看出此类时代错误。

方法可以。因此，不通过具体计算，试算出

$$11×9090909090909091$$

另一个更难的问题是：其中的原理是什么？

详解参见第251页。

ᘛ 寻找路线 ᘚ

莱昂内尔·彭罗斯发明过传统迷宫的一种变体：铁路迷宫。它们拥有跟铁轨上一样的岔口，而你需要找到一条没有急弯的路线，使得列车能沿其运行。以这种方式，可以将一个复杂的迷宫画在一个狭小的空间里。

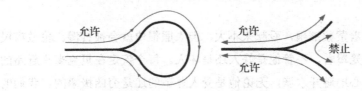

在岔口处允许的和禁止的路线

他的儿子、数学家罗杰·彭罗斯，进一步发展了这一思想。他构建的一个迷宫被刻在了英格兰德文郡的鲁皮特千禧纪念长椅上。那个迷宫有点难，所以这里给出一个较简单的版本供你尝试。

下图是一张慢车铁路网络。10:33的列车从S站出发开往F站。列车不能通过减速再后退来掉转行驶方向，但它可以沿同一段轨道的任意一个方向行驶，如果列车绕了一圈之后又开回那段轨道的话。在两条支线相交的岔口上，列车可以选取任意一条平滑的路径。列车走哪条路线才能到F站呢？

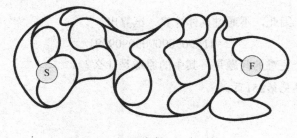

迷宫

详解和更多关于鲁皮特千禧纪念长椅的信息参见第252页。

༄◦ 夏尔摩斯初见何生 🔍 ◦༄

天下着蒙蒙细雨，看起来不大，但衣服很快就会被打湿。伦敦市民都被这雨笼罩着，不管他是好人还是坏人。每个疾走在贝克街头赶路的行人都小心地避开水塘，无论他是受人尊敬的还是穷凶极恶的。我们的非著名侦探正站在窗边的老位置，端详着无望的黑暗，自怨着瘪瘪的荷包，沮丧的心情油然而生。他快速解决失窃金镑丑闻而获得的报酬暂时让肥皂泡太太闭了嘴，但那次成功带来的喜悦正在渐渐消退，孤单寂寞和怀才不遇的情绪又开始萦绕心头。

也许他需要一位志同道合的同伴？一位能每天和他一起打击犯罪、根据罪犯在作案时留下的零星线索来破案的同仁？但他上哪儿去找这样的人呢？他毫无头绪。

他低落的情绪被一个健壮的身形正打算走向对面建筑的情形打破了。出于本能地，夏尔摩斯判断出那个人是位医务人员，最近刚刚从陆军退伍。穿着体面，是个响当当的人物：又是一个有钱人客户，来求助于那个被过誉的混蛋福尔——

　　哦，不对！那人看了下门牌号，摇了摇头，转身离开了。他小心避开观光马车，穿过马路。虽然他的脸被帽檐挡住，但他的举止表露出一种置之死地而后生的决心。夏尔摩斯的兴致被吊了起来。随着人影走得越来越近，他才意识到那人的外套不是新的，跟自己最初的猜想相反。它最近被精心缝补过……根据线头的样子，是在老康普顿街。是在某个星期四，赶在女裁缝领班请半天假的时候。**是响当当，只是穷得响当当**，他修正了对那人的最初印象。这时，那男人从视线中不见了，显然他正往窗下的门廊走去。

　　不一会儿，门铃响了。

　　夏尔摩斯等着。随后敲门声响起，女房东肥皂泡太太走了进来，穿着她习惯穿的一件印花裙子，外罩一件大围裙。"一位先生想见您，夏尔摩斯先生，"她满脸好奇地问道，"要我带他上来吗？"

　　夏尔摩斯点了点头，肥皂泡太太慢慢走下了楼梯。不一会儿，她又敲了敲门，把那位从医的先生带了进来。夏尔摩斯示意让她把门关上，并回到楼下她平常作息的地方。她照做了，但明显有点不情愿。

　　那位先生在门后听了会儿，突然把门打开，一个欠身让肥皂泡太太摔进门来。

　　"垫——子——需要扫一下灰。"肥皂泡太太边爬起身边说。夏尔摩斯心想这位房东太太才需要被"扫"出去，但只是微微一笑，示意她出去。门再次被关上。

　　"我的名片。"那人说道。

　　夏尔摩斯把名片面朝下放好，没去看它，只是把他从头到脚细细打量了一番。几秒钟后，他说道："从你身上看不出更多值得注意的东西了。"

　　"你说什么？"

　　"当然，除了一些显而易见的。你曾作为皇家第六龙骑兵团的外科医生在阿尔热巴拉斯坦服役四年。你在卡拉特战役中身受重伤，几乎丧命。

不久后你便退伍了，并在反复思虑后，决定回到英格兰，这是今年初的事情。"夏尔摩斯走近细看了一下，补充道，"你还养了四只猫。"

不管来人如何惊讶得目瞪口呆，夏尔摩斯把那张名片翻了过来。"约翰·何生医生，"他大声念道，"皇家第六龙骑兵团退伍外科医生。"对于自己的推断得到确认，他的脸上波澜不惊，因为他知道这是不可避免的。"请坐，先生，给我讲讲你遇到的麻烦。我可以保证——"

何生友好地笑了起来。"夏尔摩斯先生，久仰你的大名，今日终于得见。你对我的推断证明了我听闻的传言不假。你对你的技艺实在太过谦。不过，我这次拜访主要不是为了雇你为我办事。恰恰相反，是我希望你能雇我做事。我对当医生已经没有了兴趣——如果你见到过我在前线不得不经受的事情，你也会没有兴趣的。但我是个闲不下来的人，我还想找些刺激的事情做，我仍然持有我的佩枪，而且……对了，刚才你是怎么做到的？"

心里按捺下自己是不是被当作了221B的那位住客的疑问，夏尔摩斯面对何生坐了下来。"在你过马路前，我就根据你的举止判断你是行伍出身。我的视力超乎寻常地好，我看到你有一双外科医生的手，强壮但又不像普通劳工那样满手是茧。去年12月的《泰晤士报》报道说，在阿尔热巴拉斯坦历时四年的战争快要结束了，皇家第六龙骑兵团在卡拉特打了一场损失惨重的决战之后返回英格兰。你穿着龙骑兵团的军靴，从靴子磨损的程度来看你回英格兰已经有一阵了。你下颌骨有一处差不多痊愈的轻微疤痕，那显然是由一种非欧洲设计的火枪弹珠擦到的——我曾写过一部关于远东火器伤口研究的简短专著，以后一定抽时间读给你听。你说你闲不下来，这在你刚刚处理肥皂泡太太偷听我们谈话的时候就已经表现出来了，所以你退伍一定不是自愿的。而如果你是因为犯了军规而被开除的，那我应该在八卦小报上看到过相关报道，但最近似乎没有这类事情见诸报端。你的外套上有四种不同类型的猫毛——不只是四种颜色（否则这有可能表明是一只虎斑猫），而且毛长和质地都不一样……我还可以告诉你它们的具体种类。"

"真是太厉害了！"

"坦白说，我还必须承认你的脸有点面熟。我确信曾在哪里——啊，对，我想起来了！上周《纪事报》上有篇配照片的小短文……约翰·何生医生（Dr John Watsup），著名用语'出什么事了，伙计？'（what's up, doc?）的最早提出者。你的名气可比我的大啊，医生。"

"你太客气啦，夏尔摩斯先生。"

"没有，这只是实事求是而已。不过想要和我一起工作，你得证明你的**思考**也和行动一样令人满意。来试试这个。"说罢，夏尔摩斯在一个信封背面写了两个数字

4 9

"请你加一个规范的算术符号，使计算结果介于1到9之间。"

何生专心地撅嘴思考着。"加号……不对，13太大了。减号——结果变成负数了。乘号和除号也都不对。对了！根号！噢，也不对：$4\sqrt{9}=12$，还是太大。"他挠了挠头，"我想不出了。这不可能做到。"

"你放心这是可以做到的。"

房间里鸦雀无声，只有壁炉上的钟摆滴答作响。突然，何生眼前一亮。"我想到了！"他拿起信封，在上面添了个符号，递给夏尔摩斯。

"你通过了第一个考验，医生。"

何生写了点什么呢？详解参见第253页。

几何幻方

数字幻方的行、列及对角线上的数字之和均相等。李·萨洛斯发明

过一种类似的几何幻方。这个正方形由多种形状组成，其行、列及对角线上的形状（允许旋转或翻面）能像拼图游戏一样拼出相同的图形。下面的左图是一个完成的例子，右图是请你解的谜题。详解参见第253页。

萨洛斯构造了很多几何幻方，还将之推广为诸如几何幻三角之类的一般形式。可参见：Lee Sallows, "Geometric Magic Squares," *The Mathematical Intelligencer* 33 No. 4 (2011) 25–31；以及他的网站：

http://www.GeomagicSquares.com

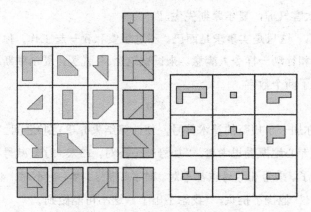

两种李·萨洛斯的几何幻方（左图：一个完成的例子；右图：你的任务是用行、列及对角线上的形状拼出相同的图形）

橙子皮是什么形状的？

有很多种去橙子皮的方法。有的人会一点点掰开，有的人则会试图把皮剥成一整块。通常这会把皮剥得到处都是且汁水四溅。还有的人会有条不紊地用刀小心地把橙子皮削掉，削下来的橙子皮从顶到底构成一条螺线。我个人是倾向于哪怕把桌上弄得一团糟，也要快点吃到橙子。

左图：用刀削橙子皮；中图：将橙子皮放平；右图：考纽螺线

2012年，劳伦特·巴托尔迪和安德烈·亨利克斯研究了平放后的橙子皮是什么形状的。他们使用薄片刀小心地将橙子皮削成相同宽度，得到了一条美丽的双头螺线。他们发现这是一条数学上著名的双头螺线，它常被称作考纽螺线、欧拉螺线、回旋曲线或螺旋。

这种曲线于1744年被发现，欧拉给出了它的一项基本性质。曲线上所有点的曲率（$1/r$，r为该点的密切圆的半径）与该点至原点的距离成正比。曲线上的点离原点越远，它的曲率就越大，螺线也就变得越来越紧密。物理学家马里·阿尔弗雷德·考纽在研究光经过直边发生衍射时发现了这一曲线。火车工程师们利用这种曲线设计了一种可以从直轨平滑过渡为弯轨的方法。

巴托尔迪和亨利克斯证明了橙子皮是这种曲线的原因。他们构造了一个可以描述任意宽度橙子皮的公式，并证明了当宽度趋于无穷小时，橙子皮生成的曲线就是考纽螺线。他们还评论道，这种螺线"在历史上曾多次被发现，而我们则是在用早餐时发现的"。

更多信息参见第253页。

如何中彩票？

请注意标题是个问句。

想要中得英国国家彩票（也被称为"乐透"）头奖，你从1—49里选出的六个数需要与开出的数完全一样。还有中各种小奖的方法，但我们这里只讨论头奖。摇奖球是随机抽取出来的，但在公布时会给它们排个序，这样人们可以更容易查询自己是否中奖了。因此，如果抽取出来的是

13 15 8 48 47 36

在公布中奖结果时，它们会被写成

8 13 15 36 47 48

在这个例子中，最小的数是8，第二小的是13，依此类推。

根据概率论，我们可以知道，这些数出现的概率是均等的（理应如此），那么在随机选出的六个数中：

最有可能最小的数是1。

最有可能第二小的数是10。

最有可能第三小的数是20。

最有可能第四小的数是30。

最有可能第五小的数是40。

最有可能最大的数是49。

上面的陈述都是对的。第一句是正确的，因为如果1出现，那么它一定是最小的，不管别的数是什么。这样的陈述对2就不适用了，因为有很小的概率会出现1，这样就有比2小的数了。这使得在抽出所有六个球后，2成为最小的数的概率要比1是最小的数的概率稍微小一点。

好了，以上是纯数学讨论。如果你选了这组数

1 10 20 30 40 49

那么由于每一个数都是在相应位置最有可能出现的数，于是你中大奖概率也就提高了。

这种说法对吗？详解参见第254页。

绿色袜子把戏案 🔍

"你通过了第一个考验，医生。然而真正的考验是检验你如何进行罪案侦察。"

"我已经准备好了，夏尔摩斯先生。我们什么时候可以开始？"

"马上。"

"好的，我们都是行动派。那是什么案子呢？"

"你自己的。"

"啊——"

"难道我猜错了吗？尽管你来这里是为了让我雇你，但你现在不是一个受害者吗？"

"你说对了，但你怎么——"

"在你刚刚走进这个房间时，我本能地想到你是来寻求我帮助的。尽管你刻意隐瞒，但从你的表情和举止中还是可以发现一些端倪。当我说'给我讲讲你遇到的麻烦'来确认我的推断时，你没有给出正面答复。你当时说你**主要**不是为了雇我干活。"

何生靠在椅子上叹了口气。"我担心说了我自己的事情后，可能你会认为我来只是为了寻求免费的咨询，从而对雇佣我这件事造成不利的影响。可惜还是被你看穿了，夏尔摩斯先生。"

"这瞒不过我的。我们就不要客套了。你可以叫我夏尔摩斯。我也会叫你何生。"

"这太荣幸了，夏尔摩斯先——"何生显得心烦意乱，好不容易定了定神，"那是桩小事，那种你可能已经遇到过很多次的小事。"

"入室盗窃。"

"是的。你怎么——不管了。这是今年初发生的事情了，那时我就马上找了你街对面的邻居寻求专业帮助。一个月后，他毫无进展，还说这事情太微不足道，请他简直是杀鸡用牛刀，于是把我拒之门外了。一次偶然的机会，我听说了你的能耐，便想也许你能破那个了不起的专家都接不了的案子。"

很显然，何生的案子已经勾起了夏尔摩斯的全部兴趣。

"我一定协助你破案，证明给你看我的价值，"何生激动地说，"如果我们破案了——不对，当我们破案后——我想长期合作的可能性也就提高了。我付不了你什么钱，但我可以为你免费服务两个月。那时，我可以保证我们会有稳定的客源，他们在名流中对你赞不绝口，会让你有足够的收入，可以保证我们体面的生活。"

"我承认这种状态对我很有吸引力，"夏尔摩斯说，"我寻找一个我们大洋对岸的朋友称为'搭档'的人已经有一阵子了。你识破了我那位女房东在门外偷听的举动，使我相信你是极好地符合我要求清单（bill）的人，但我们还需要再看看。呃——说起清单，你身上有没有带五镑的纸币（bill）？肥皂泡太太一直在念叨着我还没交的房租……算了，算了，我看你和我一样也身无分文。我们会一起渡过难关的。

"现在，告诉我是什么案子吧。"

"正如我刚刚说的，这是桩小事，"何生说，"我的寓所遭贼了，我所收藏珍贵的阿尔热巴拉斯坦匕首被偷了，那可是我的主要财产啊。"

"这就是你现在的财务状况啊。"

"确实！我原本打算把它在苏富比拍卖掉的。"

"还有别的线索吗？"

"只有一条。在现场留下了一只绿色的短袜。"

"哪种绿？是什么材质的？棉质还是羊毛？"

"我不太清楚，夏尔摩斯。"

"这些都很重要，何生。有很多人因这类证据而被判绞刑，而有的人也是因它们而免于一死。”

何生觉得很有道理，点了点头。“我所知道的都是警方告诉我的。”

“噢，难怪只有这么点信息。那只好祈求上帝保佑了。”

“警方把嫌疑范围缩小到了三个人：乔治·格林（Green）、比尔·布朗（Brown）和沃利·怀特（White）。”

夏尔摩斯若有所思地点了点头。“所谓的‘常规怀疑对象’，和我之前想的一样。他们在博斯韦尔街一带流窜。”

“你怎么知道我住博斯韦尔街？”何生诧异地问道。

“你刚刚给的名片上印了地址。”

“哦。总之，一定是这三个中的一个偷的。警方通过调查，发现他们习惯性穿外套和长裤。”

“多数人都这么穿，何生，甚至是下层人民。”

“确实。但他们还都穿袜子。”

夏尔摩斯竖起了耳朵。“这个情况有点意思。这表明这几个人有横财入手。”

“不好意思，夏尔摩斯，我没太明白——”

“你从来没见过格林、布朗和怀特三位先生吧。”

“嗯。”

“不要跑题，何生，讲重点。”

“而且这几个人穿着衣物的颜色在所有场合都不变。在犯罪现场留下的细微线索——”

“对，对，”夏尔摩斯急切地嘟囔着，“线索就在打碎的玻璃中。这是明摆的事。”

“——哦，对，我之前提到过这条线索。小偷可能是用他的一只袜子消弱了打破玻璃窗时发出的声音，而那只袜子正是绿色的。目击者证实，三个人分别穿了绿色、棕色、白色这三种颜色的上衣、这三种颜色的裤子以及这三种颜色的袜子。但每个人自己身上的衣物颜色各不相同——这里是将两只袜子视为同一件衣物，毕竟即便这样的歹徒也不会穿不成双的袜子。这会是非常不得体的。"

"你从中推理出了什么吗？"

"每个嫌疑人必定穿了一件与他们的姓氏相同的衣物，"何生马上说，"如果我们推理出他们穿着的颜色，那就可以找到罪犯了。"

夏尔摩斯靠回到椅子上。"很好。我们也许能一起工作。还有别的吗？"

"我觉得现有的信息没办法确定谁是罪犯。警方最终也是这么想的，因此我建议他们找找别的证据。"

"那他们找到了吗？"

"在我提供了一些更细微的线索后，他们找到了。"他递给夏尔摩斯一张纸，解释道，"这是部分的警方调查报告。"调查报告是这样写的：

伦敦警察局霍本分局J.K. 乌金斯警员的调查报告摘要

(1) 布朗先生袜子的颜色和怀特先生的上衣颜色一样。

(2) 用怀特先生裤子颜色作姓的那个人所穿袜子的颜色与穿白色上衣的人的姓不同。

(3) 用格林先生袜子颜色作姓的那个人所穿上衣的颜色与布朗先生裤子的颜色不同。

"你看，"何生说，"如果我们能确定窃贼，那警方就能拿到搜查证。运气好的话，他们就能找到我丢失的匕首，这样就能把罪犯绳之以法。但他们被难倒了，你那被高估的邻居也和我一样一筹莫展——因此，他假装对这桩案子没有兴趣。"

夏尔摩斯心中暗笑。"正相反，亲爱的何生。幸好你百折不挠地要求警方进行如此深入的现场调查，现在已经有足够的信息来判断谁是罪犯了。这是一次很基础的推理。"

"你为什么如此确定？"

"你会知道我用的方法的。"夏尔摩斯神秘地说。

"那谁是罪犯呢？"

"在我们做完推理后，你就会知道的。"

何生拿出本新的空白大本子，在上面写道：

回忆录

约翰·何生医生

（外科硕士，桑德赫斯特皇家军事学院，退役）

一、绿色袜子把戏

夏尔摩斯看了看他写的，轻声说道："这不是地摊上的冒险小说，何生。"何生于是划去了"把戏"，添上了"案"字。接着，他抿了抿嘴，开始记录分析过程。在整个过程中，他们稍微遇到了些麻烦，但很快就推断出了谁是窃贼。

详解参见第254页。

"我得马上给鲁兰德督察发个电报，"夏尔摩斯说，"他会派警力去突击搜查那人的住所。毫无疑问，他们应该会在那里搜到你的匕首，因为他销赃慢是出了名的。他贪恋财物，何生，他曾多次因此落网。

"这是我们一起完成的第一个案子！"但他兴奋的神情很快又退去了，"你的协助非常重要，但不幸得很，这案子没给我们带来收入，毕竟这是你的案子。"

"会有收入的。我会重获匕首。"

"我觉得警察会把它作为证物持有到审判结束。不过即便如此，我们还是可以认为它会给我们带来收入上的转机，对吧，何生？"

⌘ 连续立方 ⌘

三个连续自然数1, 2, 3的立方分别是1, 8, 27，它们之和为36，是一个完全平方数。下一组连续立方数之和为完全平方数是什么呢？

详解参见第258页。

⌘ Adonis Asteroid Mousterian ⌘

EN	MA	IR	SO	UT
IS	TO	NU	ME	RA
MU	RE	AS	IT	NO
AT	IN	OM	UR	ES
OR	US	ET	AN	MI

AS	IR	ED	TO
DO	ET	IS	RA
IT	AD	OR	ES
RE	SO	AT	ID

AD	IN	SO
IS	DO	AN
NO	AS	ID

ADONIS   ASTEROID   MOUSTERIAN

三种法雷尔单词幻方

杰里迈亚·法雷尔发明了数种单词幻方。参见：Jeremiah Farrell, "Magic Square Magic," *Word Ways: The Journal of Recreational Linguistics* 33 (May 2000) 83–92. 如上图所示，每个小方格里都是在字典中经常出现的双字母组合。这些字母在每行、每列以及四阶和五阶幻方的对角线上出现。每行及每列都是同一词的变位词（尽管变位出来的排列其实不一定是个"词"），原始单词标在了示例幻方下。顺便提一句，Mousterian是指某类穴居人用的一种石器。

你也许会觉得，字母排列和数学没什么关系。然而谜题爱好者往往对两者都乐在其中，我倾向于把这类字谜游戏归结为有不规则约束条件的组合问题，也就是字典问题。不过，这些幻方都有数学特征。倘若赋予字母适当的值，然后把每个方格中的字母组合代表的数相加，得到的数字幻方就很有意思。它们每行、每列及对角线（不包括三阶幻方）的数字之和都相等。

其实，由于每个字母在每行、每列及对角线（不包括三阶幻方）都只出现一次，所以无论字母被赋予什么值，这个性质在除了三阶幻方对角线以外都是成立的。请分别从0–8, 0–15和0–24中选取恰当的数（每个单词幻方中的字母所用的值可能不同）赋予例图。

每个字母都代表什么数呢？详解参见第258页。

平方数问题二则

(1) 用123456789九个数字各一次，所组成最大的完全平方数是几？
(2) 用123456789九个数字各一次，所组成最小的完全平方数是几？
详解参见第259页。

抓手干净的人

约翰·纳皮尔

约翰·纳皮尔，莫奇斯通（即今日的莫奇斯顿，属爱丁堡）的第八代地主，在1614年发明了对数。然而，他也有不光彩的一面：他沉迷于炼金术和通灵术。他在当时被认为是个魔法师，而他的"精灵"，或者说魔法搭档，是一只黑色的小公鸡。

纳皮尔用它来抓那些手脚不干净的仆人。他会把那些怀疑对象和小公鸡关在一个房间里，并要求他们抚摸它，同时声称这只魔法公鸡可以准确无误地判断谁是罪犯。这一切都非常神秘——但纳皮尔知道到底是怎么回事。他把那只鸡抹上一层薄薄的烟灰。清白的仆人会根据要求去抚摸公鸡，于是手上便沾了烟灰。然而那些犯了事的人，由于怕被发现，都不会去碰鸡。

手干净，却说明了手脚不干净。

硬纸盒子案*

随着我珍贵匕首的失而复得，我们合作解决各种悬案的声誉与日俱增，经济状况也日渐好转。本国的精英们纷至沓来，我的笔记本已经记了很多他的成功案例：山脉失踪之谜、人间蒸发的子爵以及秃发会。不过，这些案子都没体现出夏尔摩斯天资中最主要的部分：他能从最平凡不过的物品中抓住关键，在他人几乎不会注意到的事情里发现问题。

然而，圣诞节前一周的奇怪事件很好地符合我的要求，也值得更多人了解。（我不得不隐去真实信息和大多数事情的细节，以免得牵涉其中的数位内阁大臣和一位著名女低音尴尬。）

---

* 这个及之后所有由夏尔摩斯和何生经手的案件都选自（稍有编辑）《何生医生回忆录：谈谈一位被低估的私家侦探那些不为人知的天才故事》（布罗姆利：思罗克父子出版社，1897年）。

当时我正坐在书桌前，记录夏尔摩斯最近接触的案件细节，而他在一遍又一遍地用我那把旧左轮手枪和一盆盆菊花做着实验。肥皂泡太太打断了我们手头的活儿，拿来两个大小不一、用丝带扎起来的硬纸盒子。"您的圣诞礼物，夏尔摩斯先生。"她说。

夏尔摩斯看了看包装。地址和邮票被难以辨识的邮戳所覆盖。它们是长方形的……嗯，严格地说，长方形是二维的，所以确切地说，它们是直角平行六面体，也就是长方体。

像个盒子。

他拿出尺子量了量。"非常不错，"他喃喃自语，"也很奇怪。"

我已经学会了去尊重这类断语，无论它们初听起来有多古怪。我不再把这两个盒子当作圣诞礼物，也极力抛弃了它们是炸弹包裹的怀疑，开始竭尽全力仔细**观察**它们。终于，我意识到寄件人用了太多的丝带来扎它们，如果只是为了扎牢的话，其实并不需要那么多。

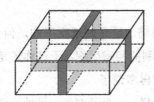 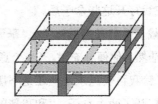

左图：何生所说通常情况下丝带的扎法；右图：现在包裹的情形

"丝带在包裹的每个面都扎了个十字，"我说，"如果是我扎包裹，我一般只会在它的上面和底面扎十字，在四个侧面一字扎一下。"

"确实如此。"

很显然，我的分析还缺了点什么。我思索着。"呃——这丝带没有打结。"

"对，何生。"

仍然还不彻底。我抓耳挠腮，仍无所得。"我只能看出这么多了。"

"这是你所能**看到**的，何生。你看到了所有东西，却没有看出其中最重要的模式。我担心糟糕的事情正在发生。"

我承认没从这两个圣诞礼物中发现什么糟糕的东西。突然，我想到了件事。"夏尔摩斯，难道盒子里装的是尸块？"

他笑了起来。"不是，它们**几乎**是空的，"说着，他拿起它们摇了摇，"但无疑你该意识到，这么考究的丝带只在威尔伯福斯夫人那里有卖。"

"抱歉，还真不知道，真佩服你涉猎广泛。不过我倒是知道那家店，它开在东郭街。"我恍然大悟道，"夏尔摩斯！那曾有可怖的命案发生过！这——"

"是的，何生，这已经登在各大报纸上了。"

"证据很确凿，但尸体至今尚未找到。"

夏尔摩斯点了点头，严肃地说："会找到的。"

"什么时候呢？"

"在我打开这些盒子后。"

他戴上手套开始拆丝带。"毫无疑问，这是硬纸党干的，何生，"看我一脸茫然，他便补充道，"一个意大利的秘密组织。不过你还是少知为妙。"尽管我百般恳求，他还是不愿意再多说了。

他打开了两个盒子。"和我猜的一样。一个是空的，另外一个里有**这个**。"说着，他拿起一张长方形的纸。

"这是什么？"

他递给我看。"一张行李票，"我说，"这准是凶手留下的信息。但是流水号和车站名字都被撕掉了。"

"意料之中，何生。他——根据犯罪现场的大脚印，凶手是个男的——是在嘲弄我们。不过我们会击败他的。很明显，可以从扎丝带的方式推理出是哪个车站。"

"嗯？你的意思是？"

"再加上邮票面值透露的信息，邮票面值可以让我们排除查令十字街站。"

我有点茫然，于是拿起包裹数了数，一共有五张一先令的邮票。"一个空包裹可不需要付那么多钱。"我不解地说道。

"除非他想表达一些别的意思。五先令又可以叫什么？"

"一克朗（crown）。"

"那王冠（crown）是什么的象征呢？"

"我们尊敬的女王陛下。"

"接近了，何生，但你没有考虑丝带的造型。"

"那是个十字。"

"所以邮票指的是'国王'，而不是女王。车站是国王十字车站！还有，何生，请告诉我，为什么罪犯寄给我两个大盒子，而其中一个还是空的？一个小小的信封足够寄一张行李票了。"

一阵沉默后，我摇了摇头。"我不太清楚。"

"这两个盒子之间的关系一定有特别的含义。事实上也的确如此，在我量完它们的大小之后，我就意识到了。"他递给我一把尺，说道，"你来试试。"

于是我也量了量它们。"每个盒子的长、宽和高都是整数英寸，"我说，"除此之外，我没发现其他模式。"

他叹了口气。"你没有发现那个诡异的巧合吗？"

"什么诡异的巧合？"

"两个盒子的体积一样，用的丝带的长度也一样。事实上，这两个数是这种情况下的最小非零整数。"

"那你推断出什么——哦，我知道了！盒子的体积和丝带的长度放在一起就是行李票流水号。有两种不同的方法可以把这两个数合起来，当然，我们可以很容易地一一检验一下。"

夏尔摩斯摇了摇头。"不对，不对。即使存在那个流水号的行李票，凶手也不得不在售票处安排一个同伙来把这个流水号预留下来。情况应该更简单：他可能在已寄存的行李上用这两组数做了标记。那里面估计有东西可以告诉我们在哪里可以找到它。"

"找到什么？"

"还不明显吗？尸体。"

"我真服了你了，夏尔摩斯。"我说，"不过请稍等。如果找到了尸体，我们就可以逮到凶手吗？"

"这会是有用的证据，不过没有把握一定可以抓到他。但无论如何，这都是成果。有时候，一个罪犯对自己太有信心，于是故意留下些线索，他们觉得调查部门太蠢以至于根本发现不了它们。硬纸党就是一群自大的家伙，这案子很符合他们的特点。现在，关于这些盒子，自然就产生了一道有趣的算术问题。具有类似性质的三个盒子的最小尺寸是多少？"

我立刻明白了他的思路。"你预期在不久的将来还会收到这样的盒子！以及一张被撕掉的行李票！这意味着会有另一桩谋杀，嗯？"我开始找我的枪，"我们必须阻止这发生！"

"我担心这可能已经发生了，但如果运气好的话，我们可能可以避免第三起命案。今晚凶手会在伦敦的某个主要车站以寄存行李的名义再寄存一些东西——是什么都有可能。随后，他会再给我们寄盒子。如果我们能在此之前把流水号找到，我们就可以向鲁兰德督察报告。他会派警力去那些干线车站。虽然他们不能盘问每个寄存行李的乘客，因为这样会打草惊蛇，但他们可以注意那些在寄存的行李上标注了三组数的人，并把他们扣下。里面会有第二具尸体的位置信息。如果据此找到了尸体，那定罪的证据就无懈可击了。"

即便果真如此，事情也没有那么简单。如果警察让罪犯逃之夭夭，夏尔摩斯和我将不得不介入。幸运的是，有三个包裹在第二天的下午寄到了，它们给我们提供了新的线索，随后我们发现这些谋杀只是一个巨大阴谋的冰山一角。我们后来又经历了一系列的坎坷，但正如我前面解释的，被发现的那些令人毛骨悚然的秘密——这样说毫不夸张——永远都不能公之于众。不过我们最终抓到了罪犯，并且夏尔摩斯已允许我透露在整个调查中最关键的两个问题的答案了。

那两个盒子的尺寸分别是多少呢？三个盒子的尺寸又分别是多少？详解参见第259页。

ᕤᕯ RATS 数列 ᕩᕪ

1, 2, 4, 8, 16, …下一个数是什么？人们很容易想到答案的是32。不过，如果我告诉你我所考虑的数列实际上是

$$1 \quad 2 \quad 4 \quad 8 \quad 16 \quad 77 \quad 145 \quad 668$$

那么这个数列的下一个数是什么？当然，答案并不唯一：利用足够复杂的规则，你总能找到一个通项公式，对任意的有限数列都有效。卡尔·林德霍姆在《数学要难》一书中有一章专门讨论了为什么总是能用"19"来回答"这个数列的下一个数是什么"。不过请放心，上面的数列只运用了一个简单的规则。线索就在本篇的标题中，不过它可能太隐晦了，以至于对你没什么帮助。

详解参见第260页。

ᕤᕯ 生日对你有好处 ᕩᕪ

统计表明，生日过得越多的人活得越久。

——拉里·洛伦佐尼神父

数学日

　　由于数字上的相近，近几年有很多日期与数学发生了联系，使得那些天成为一个个特别的日子。除了数字相近之外，没人会觉得那些天有什么不同。就我们所知，那些天既不是预言的世界末日，也没有别的含义。除了数学上的庆祝或媒体的一番评论，那些天平淡无奇。但这类事情别有趣味，也能引起媒体对数学的关注，至少能提到"数学"这个词。

　　下面就是一些这样的日子。由于美制日期是先月后日，英制日期是先日后月，所以很多日期是不同的。允许对日历进行一定程度的修改，比如去掉零。

圆周率日

　　3月14日（美制）：3/14（$\pi \approx 3.14$）。从1988年开始，旧金山的半官方纪念日。由美国众议院一项不具约束力的决议认可。

圆周率分钟

　　3月14日1点59分（美制）：3/14 1:59（$\pi \approx 3.141\,59$）。还可以更精确，1点59分26秒：3/14 1:59:26（$\pi \approx 3.141\,592\,6$）。

近似圆周率日

　　7月22日（英制）：22/7（$\pi \approx 22/7$）。

123456789日

　　不好意思，你已经错过了。这一千载难逢的时刻发生在2009年8月7日（英制）或2009年7月8日（美制）的12点34分56秒：12:34:56 7/8/(0)9。不过你们中的部分人或许可以在2090年见证1234567890日。

"1"日

　　你也错过了。它发生在2011年11月11日的11点11分11秒：11:11:11 11/11/11。

"2"日

在我写作时，这将在几年后发生。你有机会哦！2022年2月2日22点22分22秒：22:22:22 2/2/22。

回文日

回文是指正读反读都一样的文字，比如"人人为我，我为人人"。2002年2月20日20点02分（英制）：20:02 20/02/2002。

这里同一回文重复了三次。在英制日期中，接下来类似这样的时刻在哪天呢？接下来类似这样整个时刻是回文的日子又在哪天呢？

详解参见第261页。

斐波那契日（简版）

2008年5月3日（英制），或2008年3月5日（美制）：3/5/(0)8。

斐波那契日（长版）

2013年8月5日（英制）或2013年5月8日（美制）的1点2分3秒：1:2:3 5/8/13。

质数日

2011年7月5日（英制）或2011年5月7日（美制）的2点3分：2:3 5/7/11。

巴斯克特球的猎犬

"有一位女士想见您，夏尔摩斯先生。"肥皂泡太太说。

夏尔摩斯和我跳了起来。一位年龄不详的女人走了进来——之所以看不出年纪，是因为她戴着黑面纱。

"您不需要伪装自己，风信子夫人。"夏尔摩斯说。

那女人一声叹息，摘下面纱。"你怎么——"

"巴斯克特庄园发生的不寻常事件已经占据各大报纸头条一周了，"

夏尔摩斯说，"我一直盯着这个案子，而且街对面那位对手还没取得什么进展。所以迟早您是要找我帮忙的。而且，我认出了您车夫的帽子，它在贵族的侍从们中是独一无二的。"

"是巴斯克，不是巴斯克特。"风信子夫人嗤之以鼻地强调道，使这个词听上去像法语词。

"请怒我冒昧，夫人，"夏尔摩斯说，"但这庄园从奥诺里娜·疯婆嫁给巴斯克特伯爵三世至今，已经在家族传了七代了。"

"确实，不过**过去**是这样读的。拼写和发音都已经……呃——"

"已经现代化了。"我插话说。趁夫人不注意，我瞟了夏尔摩斯一眼，希望他领会我想调和一下他们相互不服的情绪。他心领神会地闭了嘴。

"那是条巨大的黑色猎犬！"夫人突然撕心裂肺地哭喊道，"它的流涎大嘴还滴着血。"

"您见到了？"

"呃，那倒没有，但看守猪圈的小男孩……叫那啥尼基，还是里基来着的，他说他瞥见了那只超级恐怖的东西，然后它转瞬就不见了。"

"在黑夜里，"夏尔摩斯指出，"从170码远的地方。而且迈克尔·詹金斯是个近视眼。不过没关系，证据最终会指引我们找到真相。我猜想那动物没有伤害到任何人吧？"

"嗯，没有，"她说，"没有直接伤人，尽管我那可怜的丈夫……你看，那猎犬毁了巴斯——巴斯克——伯爵三世以来的一项传统习俗。"

我这时才想起我该有的礼数。"在下约翰·何生医生，愿意为您效劳，夫人。很抱歉，我没和夏尔摩斯一样关注这个新闻。您能给我讲讲到底发生了什么吗？"

"啊，好的，"她整了整衣服，理了理思路后说，"那是冬至前几天的一个夜晚，我丈夫埃德蒙——也就是巴斯克勋爵——在布置十二枚古董石球——"

"就是传说中的巴斯克特球（basketball）。"夏尔摩斯打断道。

"嗯，对，但我们不能把**所有事情**都现代化了，夏尔摩斯先生。那是传统习俗。我丈夫在庄园的草坪上把球布置成了我们古老的家族符号。只有男性继承人知道确切的符号是怎样的，整个过程不许任何其他人观摩。不过长久以来，大家都知道，这个符号是由七行、每行四个石球组成的。

"埃德蒙当时正在排练那个每年冬至夜都必须准确无误完成的仪式。然而，当我们第二天早上醒来时，我们惶恐地发现一些石球被动过了！"

"但您刚刚说，除了巴斯克勋爵以外没人可以在现场。"夏尔摩斯诘问道。

"当时情况特殊。勋爵老爷尝试去恢复这些球，但没有成功。后来，我们的女佣拉维妮娅——虽然她瞎了，但很能干——找到了他。她一边尖叫一边哭哭啼啼地跑回来说，老爷一动不动地躺在地上。由于担心老爷的安危，我们顾不上这么多年以来的禁令，冲到了老爷身边。我只听到埃德蒙微微说了一声'被动过了'，然后就没有了声音。夏尔摩斯先生，自此他就一直处于昏迷状态。这让人很是痛苦。"

"**被动过了**，"我说，"这是什么意思，夫人？"

"不在原地啦，何生医生。"

"我是想问，挪动到**哪里**去了？"

"这些石球现在组成了一个星形形状，何生医生。"

"是的！一个只有六行、每行四个石球的星形形状，"夏尔摩斯说，同时快速地在纸上勾画着，"这事情已经传开了，而且看起来是真的，因为对于街头小报来说，他们没必要如此费脑筋地造假。我们也可以**推断**出，这些石球确实被动过了，即使没有勋爵老爷的那最后一声提示——"

"**到目前为止的最后一声**。"我急忙补充道，以免夏尔摩斯的话又引发新一波的哭喊。

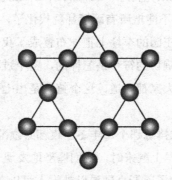

猎犬移动石球后形成的图形

"您就不能把它们挪回来吗?"当夫人恢复平静些后,我问道。

"不能!"她大叫道。

"为什么不能?"

"因为我已经告诉你了,只有老爷知道确切的传统摆放方式,而医生们说他可能永远好不了了!"

"没有任何石球应该放在哪里的标记吗?"

"可能有吧,但它们早就被那恐怖的猎犬给搞没了!"

"那我会带上最好的放大镜。"夏尔摩斯板着脸说道。他突然顿了一下,似乎想到了什么。"您刚刚说过'必须'。"

"我说过吗?什么时候?"

"几分钟之前您说过,每年仪式都必须准确无误地完成。我刚刚想到,您用这个词可能有特殊含义。给我们解释一下吧。"

"有个古老的预言说,如果冬至夜里那十二个巴斯克特球没有得到正确的摆放,那巴斯——巴斯克——家族就会衰败,彻底消失!我们只剩三天来完成它了!哦,天呐!"她又开始哭泣。

"放轻松,夫人,"我说着,随即打开一瓶嗅盐给她闻了闻,"先请接受我对老爷所经历的不幸致以的慰问。不过以我行医的经验来判断，他还是有一线生机的，尽管非常微弱，但有时候还是会有奇迹发生的。"我一向对我无可挑剔的临床态度充满自信，在这点上我的朋友夏尔摩斯也自叹弗如。但这次不知道为什么，我的宽慰反而使夫人抽泣得更厉害了。

夏尔摩斯在屋里踱着步，他的脸沉了下来。"夫人，是不是要紧的只有摆放的**形状**？方向的不同会造成重大区别吗？"

"你说什么？"她摇着头，仿佛想让脑袋清晰些。

"如果**除了方向**，摆放的形状都对，也就是不改变石球之间的相对位置，那还会发生前面提到的家族衰败吗？"夏尔摩斯解释道。

巴斯克夫人停下想了会儿。"不会。肯定不会。我想起来威利·维里金斯——我们的园丁头儿——为了避免破坏草坪，曾时不时地提议我丈夫将石球的摆放指向不同方向。埃德蒙没有表示过异议。"

"这个信息太重要啦！"夏尔摩斯说。

"是啊，非常重要。"我重复道，尽管还没理解我那侦探朋友为啥如此高兴。或者说，我还没搞清这个问题的含义。

"还有什么其他人介入了这件事？"夏尔摩斯问道。

"没有了。那园丁头儿发誓除了埃德蒙之外没有其他人踏上过草坪。小迪基——"

"米基。"

"维基看到过那可怖的猎犬，但他只看到它身形一晃，跃过了花园围栏。我们种了些惹人喜爱的牡丹，夏尔摩斯先生，尽管它们还没到开的时候——"

"我接下您这个案子了，"夏尔摩斯说，"如果夫人您愿意回到巴斯克庄园，那我和何生会赶周四最早的那班慢车到您那里。"

"不能再早些吗，夏尔摩斯先生？因为周四就是冬至了！石球必须在天黑前摆对位置！"

"非常遗憾，在那之前，我需要处理一桩重要案子，其中涉及到三位东方君主、六十万全副武装的勇士、两块有争议的领地以及一盒装满了绿宝石和蓝宝石的首饰盒——它原本属于某个神秘的古代宗教团体。而一只被碾平的铜针箍我认为是整个案子的关键。不过您放心，我对您的案子还是很有信心的，我保证在周四天黑前给您一个满意的答复。"

夫人又恳求了夏尔摩斯几回，可他执意如此。最后，风信子·巴斯克夫人只好走了，路上还时不时地用她的蕾丝手绢擦拭着眼泪。

她走后，我问了夏尔摩斯刚才提到的那个案子是怎么回事。"我瞎编的，何生，"他说了实话，"我有两张今晚的歌剧票。"

我们在周四下午三点钟赶到那里，一位马夫（groom）驾着一辆轻便二轮马车（governess cart）已经在车站等着我们了。也可能是一位女教师（governess）坐在了一辆新郎马车（groom cart）里，对此我的笔记有点认不清。我们被告知，巴斯克勋爵还是昏迷不醒。约半小时后，我们到了庄园。夏尔摩斯用他那超大的放大镜、一把毛刷和一个量角器仔细地检查了大草坪。

"现在可以发挥一下你的推理能力了，何生。"他说。

"我看到了一些草被弄乱了，夏尔摩斯。"

"对的，何生。这些轨迹非常复杂，但它们主要是由一只狗的脚印叠加而成的，"他压低声音对我一个人说，"一只小贵宾犬的。"然后他又恢复原来的音调说："我没办法找出石球原来摆放的位置，不过除非我错得离谱——这还从未发生过——显然，那只畜生刚好动了**四个**石球。"

"这代表什么呢，夏尔摩斯先生？"巴斯克夫人焦躁地问道，不时地抚摸着她怀里抱着的小贵宾犬。

夏尔摩斯看了看我这边。

"有……可能……"我说着，看到夏尔摩斯以察觉不出的动作对我点了点头。好吧，不是**完全**察觉不出，否则我也就根本看不出来了。收到他默默的鼓励后，我大胆猜道："……这条线索可以让我们推理出石球原来的摆放。"

"真的？"夫人充满希望地问道。

巴斯克特球原来的摆放是怎样的呢？详解参见第261页。

数字立方

数153等于各位数字的立方之和：

$$1^3+5^3+3^3=1+125+27=153$$

这一点似乎有点老生常谈，但它引出了一个大家不那么熟悉的问题：除了以0开头的类似于001这样的数，还有另外三个具有这样性质的三位数。你能找到它们吗？

详解参见第262页。

水仙花数

立方数谜题的名声并不太好，因为著名纯数学家戈弗雷·哈罗德·哈代在1940年所写的《一个数学家的辩白》中认为，这类谜题其实并没有什么数学意义，因为它们依赖于所使用的计数系统（如十进制），本质上说只是一些巧合。然而，你可以在求解这些谜题并推广它们（使之与计数系统无关，比如不用十进制）的过程中学到一些很有用的数学知识。

从这类谜题中引出了**水仙花数**的概念。所谓水仙花数，是指一个n位十进制数，其各位数字的n次幂之和等于它自己。如果希望强调n，我们可以使用n位水仙花数的说法。

四位水仙花数

将由数字a, b, c, d所组成的数记为$[abcd]$，以区别于表示乘积的$abcd$。也就是说，$[abcd]=1000a+100b+10c+d$。求解方程

$$[abcd]=a^4+b^4+c^4+d^4$$

其中所有未知数可以取0—9的数字。这绝不是一项简单的任务。你试试吧！

详解参见第263页。

五位水仙花数

这回，问题变为求解方程

$$[abcde]=a^5+b^5+c^5+d^5+e^5$$

如你所料，这个更难。详解参见第263页。

n位水仙花数（$n\geq6$）

容易证明，n位水仙花数中的$n\leq60$，因为如果$n>60$，就会有$n\cdot9^n<10^{n-1}$，也就是说，这个数不足n位。1985年，迪克·温特证明了首位数字非零的水仙花数一共只有88个。当$n=1$时，十个数字自身就是水仙花数（在这里包含了0，是因为它本身只由一个数字组成）。当$n=2$时，没有水仙花数。$n=3, 4, 5$时的水仙花数，参见前一篇《数字立方》和上面的两则问题。$n\geq6$时的水仙花数分别为：

n	n位水仙花数
6	548834
7	1741725　4210818　9800817　9926315
8	24678050　24678051　88593477
9	146511208　472335975　534494836　912985153
10	4679307774
11	32164049650　32164049651　40028394225　42678290603
	44708635679　49388550606　82693916578　94204591914
14	28116440335967
16	4338281769391370　4338281769391371

（续）

n	n位水仙花数
17	21897142587612075 35641594208964132 35875699062250035
19	1517841543307505039 3289582984443187032
	4498128791164624869 4929273885928088826
20	63105425988599693916
21	128468643043731391252 449177399146038697307
23	2188769684112916288858 2787969489305407447105
	2790786500997705252567814 2836128132131929463398
	35452590104031691935943
24	174088005938065293023722 188451485447897896036875
	239313664430041569350093
25	1550475334214501539088894 1553242162893771850669378
	3706907995955475988644380 3706907995955475988644381
	4422095118095899619457938
27	121204998563613372405438066 121270696006801314328439376
	128851796696487777842012787 174650464499531377631639254
	177265453171792792366489765
29	14607640612971980372614873089 19008174136254279995012734740
	19008174136254279995012734741 23866716435523975980390369295
31	1145037275765491025924292050346
	1927890457142960697580636236639
	2309092682616190307509695338915
32	17333509997782249308725103962772
33	186709961001538790100634132976990
	186709961001538790100634132976991
34	1122763285329372541592822900204593
35	12639369517103790328947807201478392
	12679937780272278566303885594196922
37	1219167219625434121569735803609966019
38	12815792078366059955099770545296129367
39	115132219018763992565095597973971522400
	115132219018763992565095597973971522401

π文、π诗和π语

Now, I wish I could recollect pi.

'Eureka!' cried the great inventor.

Christmas pudding; Christmas pie

Is the problem's very centre.

See, I have a rhyme assisting

my feeble brain,

its tasks sometimes resisting.

How I wish I could enumerate pi easily, since all these horrible

mnemonics prevent recalling any of pi's sequence more simply.

上一句话泄露了这个游戏的天机：这些都是专用于π的助记术。它们甚至有个专有名词：π文。如果把这些句子中单词的字母数一个个数出来，你就会发现：3, 1, 4, 1, 5, ...

在《数学万花筒》中，我们讨论过一些关于π的助记术；在这里，我们回想一下其中的一种（下面的法语诗），再看看更多的例子。数以百计的不同语言版本可参见：

http://en.wikipedia.org/wiki/Piphilology

http://uzweb.uz.ac.zw/science/maths/zimaths/pimnem.htm

其中最著名的之一是一首法语亚历山大体诗歌，它的开头是这样写的：

Que j'aime à faire apprendre

Un nombre utile aux sages!

Glorieux Archimède, artiste ingenieux,

Toi, de qui Syracuse loue encore le mérite!

它一直写到了第126位。我特别推荐一个葡萄牙语版本：

Sou o medo e temor constante do menino vadio.

（我是懒孩子们挥之不去的恐惧。）

罗马尼亚语版则有着直接和简洁的优点：

Asa e bine a scrie renumitul si utilul numar.

（这就是写出那个既有名又有用的数的方法。）

和π相关的诗叫π诗。π的第32位小数是0，但没有长度为零的单词。不过，也有办法绕过这个障碍。在π语（通常用于π的助记术的编码系统）中，10个字母的单词被当作0来看待。迈克尔·基思用π的前402位写的一篇文章（Michael Keith, "Circle Digits: A Self-Referential Story," *The Mathematical Intelligencer* 8 No. 3 (1986) 56–57）采取的则是一套不同的规则。我所知道的目前为止最长的例子（这时就轮到《吉尼斯世界记录大全》上场了）是短篇小说《坎迪克华彩》（前3834位）以及图书《不曾醒》（前10 000位），它们也都是由基思创作的。那本书的开篇是这样的：

Now I fall, a tired suburbian in liquid under the trees

Drifting alongside forests simmering red in the twilight over Europe.

So scream with the old mischief, ask me another conundrum

About bitterness of possible fortunes near a landscape Italian.

A little happiness may sometimes intervene but usually fades.

A missionary cries, striving to understand worthless, tedious life.

Monotony's lost amid ocean movements

As the bewildered sailors hesitate. I become salt,

Submerging people in dazzling oceans of enshrouded unbelief.

Christmas ornaments conspire.

Beauty is, somewhat inevitably now, both

Feelings of faith and eyes of rationalism.

在这里，10个字母的单词被当作0，大于10个字母的单词被当作两个数字；比如，一个13个字母的单词被当作13。

更多信息和示例参见基斯的网站：

http://cadaeic.net

没有任何提示！ 🔍

当我漫不经心地浏览着那些已被翻烂了的笔记时，我的思绪沉浸在多得数不清的疑案中，夏尔摩斯根据那些常人几乎无法发现的细微线索，破了一个又一个案子，如裁判员案（著名的密室案件，关键线索是一只被提前磨破的板球）、碎角奶牛案、三只小猪谋杀未遂案、失踪馅饼案等。这其中，有个案子特别出彩，那桩疑案的唯一线索就是没有任何线索。

那是一个潮湿阴沉的星期二，伦敦中心城区的街道被雾霾笼罩着。我们暂时停下搜寻罪犯的工作，稍作休整，在温暖的火炉前品尝着美味干红。

"你看，夏尔摩斯。"我开腔道。

他正在翻检厚厚一沓关于泥地里的蹄印的照片，照片是由伊士曼·马达公司用最新的技术冲印出来的。他的反应看起来有点恼怒。"你知道我收集的那些马车役马的照片在哪里吗，何生？"但我继续说着。

"这个谜题没有头绪，夏尔摩斯。"

"这并不稀奇。"他喃喃答道。

"不，我的意思是说——它没有**任何**提示。"

他开始对我说的感兴趣了，将报纸从我手里拿了过去，看了一下我说的东西。

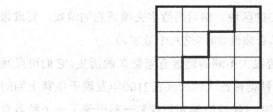

无提示谜题

"这里，未言明的规则是显而易见的，何生。"

"为什么？"

"它们必须足够简单，以激发那些想解开谜题的人动手去做，但它们也必须引出一个具有足够挑战性的难题，好维持那些人的兴致。"

"这我明白。那么规则到底是什么呢，夏尔摩斯？"

"很简单，每行和每列必须填上1, 2, 3, 4四个数字各一次。"

"啊哈。这是一个组合谜题，拉丁方的一种。"

"是的，不过还有。把方块分成两部分的那根粗线显然很重要。我猜想每个部分的数字之和是相等的……确实，这使得谜题有唯一的解。"

"噢。我想知道答案是什么。"

"你是知道我的方法的，何生。自己试试看。"说着，他又开始翻看他的照片了。

详解参见第263页。更多无提示谜题，参见第73页。

数独简史

现代读者可能会认出何生的谜题只是数独游戏的一个变种。（如果你是经历了40年的比邻星之旅刚刚回来的话，那么告诉你，数独是一种将9×9的方块分成九个3×3的区块，然后用数字去填满它的游戏。要求每行、每列以及每个区块都必须包含1—9这九个数字。）

某些与之类似但有着很大不同的谜题有着悠久的历史，它们可以回溯到中国的洛书，那是一种据称在大约公元前2100年发现于龟背上的幻方。雅克·奥扎南1725年的《趣味数学和物理》一书记录了一个稍微有点像数独的纸牌谜题。取16张人头牌（A, K, Q, J），将它们排列成一个正方形，使得每行、每列包含所有四种牌点和花色。凯瑟琳·奥利伦肖证明了一共有1152种排法。如果我们认为，若一种排法通过置换牌点和花色能变换为另外一种排法，则这两种排法是同属一种排法的话，那么可以认为其实只有两种基本排法（每种基本排法都有24×24=576种置换方法，而1152/576=2）。

你能找到这两种基本排法吗？详解参见第265页。

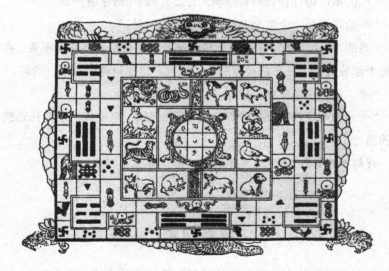

图中央的是洛书，出现在一只小乌龟背上，环绕在其周围的是十二生肖以及占卜用的易经卦象，这些都由一只更大的乌龟驮着，所谓洛龟负书

1782年，欧拉讨论了三十六军官问题：有六个军团，每个军团出六名不同军阶的军官，他们能被排到一个6×6的方阵，使得方阵的每行、每列都有来自不同军团的不同军阶的军官吗？由于拉丁字母A, B, C, …和希腊字母α, β, γ, …能分别代表军阶和军团，所以这样的排列被称为希腊–拉丁方。他找到了构建奇数或双偶数（4的倍数）阶希腊–拉丁方的方法。

Aα	Bδ	Cβ	Dε	Eγ
Bβ	Cε	Dγ	Eα	Aδ
Cγ	Dα	Eδ	Aβ	Bε
Dδ	Eβ	Aε	Bγ	Cα
Eε	Aγ	Bα	Cδ	Dβ

一个五阶希腊–拉丁方

欧拉猜想双奇数（即奇数乘以2）阶希腊–拉丁方是不存在的。这在二阶时显而易见，加斯顿·塔里在1901年证明了六阶希腊–拉丁方不存在。然而在1959年，拉杰·钱德拉·博斯和沙拉德钱德拉·尚卡尔·什里坎德借助计算机找到了一个22阶希腊–拉丁方，欧内斯特·帕克也找到了一个10阶的。然后他们三人证明了欧拉的猜想对于大于等于10的双奇数都不成立。

若$n×n$的方块的每行、每列都包含数字1–n恰好一次，这被称为拉丁方，希腊–拉丁方也可以被称为正交拉丁方。它们是组合数学中的一个专题，现在已被广泛应用于实验设计、赛程安排和通讯技术。

一个完整的数独网格是一个拉丁方，不过在3×3的区块中还有额外的限制条件。1892年，法国《世纪报》刊登了一个谜题，这个谜题把部分数字从一个幻方中去掉，而读者需要根据规则补全这个方块。《法兰西日报》进一步要求幻方只能用1~9这九个数字，已经非常接近于发明数独。在答案中，尽管在3×3的区块里也包含所有九个数字，但这一点并没有作为要求明确提出。

数独的现代形式很可能是由霍华德·加恩斯提出的，他于1979年在《戴尔纸上谜题和文字游戏》杂志上匿名发表了一个名为"安放数字"的谜题。1986年，日本公司Nikoli在日本发布了这个游戏，当时他们使用了一个并不吸引眼球的名字：sūji wa dokushin ni kagiru（只能出现一次的数字）。而数独（sūdoku）就是这个名字的缩写。后来韦恩·古尔德设计了一个计算机程序来快速解答数独谜题，并接洽了《泰晤士报》。2004年，《泰晤士报》开始在英国刊登这类谜题。2005年，数独开始风靡全球。

༺ 666 恐惧症 ༻

666恐惧症就是指害怕666这个数。

1989年，当里根总统和他的妻子南希从白宫搬出来后，他们把新居的门牌号从圣克劳德路666号改成了圣克劳德路668号。这可能还算不上是666恐惧症的典型案例，因为他们可能并不害怕666这个数本身——他们只不过是想避免一些可能由此引发的指责和骚扰。

而另一方面，据里根总统的幕僚长唐纳德·里甘1988年的回忆录《留为记录：从华尔街到华盛顿》，南希·里根经常会从占星师珍妮·狄克逊以及后来的琼·奎克利那里征求建议。"事实上，里根夫妇在我担任白宫幕僚长期间，几乎每次大的行动和决策都会提前知会一位在旧金山的女人，这个女人就会占一下星来确保星相位置对其有利。"

666之所以显得特别，是因为在《启示录》13:17-18中，这个数被视为兽名数字："这样，除了那有印记，有兽的名或有兽名数字的，都不得买或卖。在此，要有智慧：让有悟性的人解开兽的数目吧，因为这是一个人的数字，那数字是六百六十六。"

人们一般认为，这里说的是数字命理系统（在希伯来语中称为 gematria，在希腊语中称为 isopsephy）。在其中，字母表中的字母都对应一个数。有多种不同的系统：有的给字母表中的字母连续赋值，有的则以 1–9、10–90、100–900 分别给字母赋值。把一个人的名字的字母所对应的数加总，所得的和就是其人名数字了。

至于到底谁是野兽，一直众说纷纭。有说是反基督（计算其拉丁语宾格 Antichristum），有说是罗马天主教会（计算教皇一个头衔"基督之代表"：Vicarius Filli Dei），还有的说是艾伦·古尔德·怀特（Ellen Gould White）——基督复临安息日会的创始人。为什么呢？只计算她的名字中的罗马数字（W 视为两个 V），你可以得到

E	L	L	E	N	G	O	V	L	D	V V	H	I	T	E
	50	50					5	50	500	5+5				1

加起来为 666。如果你认为野兽是阿道夫·希特勒（Adolf Hitler），你也可以"证明"它，只需设 A=100，然后连续赋值，则

$$H = 107$$
$$I = 108$$
$$T = 119$$
$$L = 111$$
$$E = 104$$
$$R = \underline{117}$$
$$666$$

基本上，你选出自己不喜欢的政治或宗教人物，然后凑凑数字，改改名号，总能成功。

然而，即便相信真有这回事，所有这些推理都可能是基于一个错误，因为现代研究表明经文中的"666"是个错误。早在约公元 200 年，爱任

纽神父已经注意到，在一些早期抄本上这个数是不一样的，但他把这些归咎于笔误，并断言666见于"所有最权威和最古老的抄本"。但在2005年，牛津大学的学者利用计算机图像技术来处理已知最早的《启示录》，以辨认那些原先模糊不清的文字。当时采用的版本是在埃及奥克西林库斯遗址发掘的115号莎草纸抄本，这件作于约公元300年的文献被认为是最权威的版本。而它记载的数是616。

一倍，两倍，三倍

方块排列

1	9	2
3	8	4
5	7	6

用到了数字1~9各一次。第二行384是第一行192的两倍，第三行576是第一行的三倍。

还有三种符合条件的排列。你能找到它们吗？

详解参见第265页。

好运守恒

"我的一个朋友中了700万的乐透，"在健身房里，身边的小伙子对我说，"我没机会了。如果你知道有人已经中奖了，你就中不了了。"

关于英国国家彩票的迷思多得就像千足虫的腿，但我之前还未遇到过上面这一条。它让我开始思考：为什么人们那么乐于相信此类事情？

仔细想想。要使我朋友的说法成真，那乐透开奖机就该以某种方式受他朋友圈的影响。它必须**知道**他们中是否有人之前中奖过，然后采取措施避开那人所选的数，也就是说，它还必须知道那人选了什么数。而且，全部十一台英国彩票专用开奖机都需要知道这些，因为每周用的开奖机都是随机选取的。

但开奖机是没有生命的机械设备，所以这不合情理。

每周，能猜中全部六个数从而赢得大奖的概率是1/13 983 816。这是因为这几个数有那么多种组合，而每种组合出现的概率相等。如果不是这样，那开奖机就有偏差，而这是它在设计时所要避免的。你中奖的机会仅仅依赖于你当周的选号，与你认识的人曾经怎样无关。不过，你一旦中奖后获得的奖金确实与他人相关：如果你中了大奖而别人与你选的数一样，那你就得与他分享奖金了。但这并不是我那朋友担心的问题。

有些人之所以会相信这类迷思，理由其实来自人类心理学而非概率论。一个可能的理由是，他们在潜意识里相信魔法，这里具体表现为好运。如果你认为好运是一种可以为人所有的**真实存在**的东西，它会提高人们成功的概率，**并且**如果你认为好运只有有限的量可供分配，那么有可能你运气好的朋友就会用光你周遭所有的好运。在这里，也就是你的朋友圈。但你能把你的好运晒到朋友圈上吗？晒好运，以便让你那些所谓的朋友去偷？

另一个可能的理由则有点类似于，有人在坐飞机出行时总是偷偷带枚炸弹登机，因为他认为两枚炸弹同时出现在同一架飞机上的概率微乎其微。（这里的谬误在于，你选择带炸弹登机，但这无法影响到其他人在你不知情的情况下也偷偷带炸弹上飞机的概率。）

确实，大多数乐透大赢家没有同是大赢家的朋友。这很容易让人得出结论，如果你想成为大赢家，你就得避免有这样的朋友。但事实上，大多数大赢家之所以没有大赢家朋友，与大多数输家也没有大赢家朋友的道理相同：大赢家极少而输家却有很多很多。

当然，你得参与其中才有可能中奖。我有一位老朋友赢了50万英镑，要是我早先建议过她别白花冤枉钱，而接着她守的号就被摇了出来，她可不会对我很满意。

由于清楚知道中奖的概率微乎其微，也由于没有发现赌博据说能带来的快感值得我去把辛辛苦苦赚来的钱几乎白白扔掉，所以我从来不押宝乐透。不过这么多来，我其实不经意间一直在押宝我自己的一种乐透：写出一本畅销书。我还没有中得大奖，但总的算起来我肯定是有赚的。几年前，女作家J.K. 罗琳（你们都知道她写过什么）成为英国首位白手起家的女性十亿富翁。那是一个500倍于一份常规乐透大奖的数字，而英国作家的数目远少于1400万。

所以不要去管乐透了。去写书吧。

牌面向下的 A 🔍

我那侦探朋友在用左轮手枪在烟囱管道的泥灰上一枪枪打出"VIGTO"五个字母之后，突然停下了射击。"怎么了，何生？"他有点生气地问道。

我从神游中回过神来。"不好意思。我吵到你了吗？"

"我能看出你在**思考**，何生。你撇嘴挠耳，旁若无人。这让我很是分心。你瞧，一颗子弹打偏了，C变成了G。"

"我刚才在想那个新来表演舞台魔术的家伙，"我说，"呃——"

"伟大的胡杜尼。"

"对，就是他。真是个聪明的家伙。我上周去看了他的魔术表演。到现在我还在想那个令人惊奇的纸牌魔术是怎么回事。他先拿了一副牌，从最上面抽了十六张，把它们面向下，四张一排地摆开。接着，他把其中四张牌的牌面翻了过来。然后，他邀请一位观众来参与他魔术的互动。当然，我也举了手，不过最后他选了位迷人的年轻女士。那位女士叫海伦娜……嗯，不管她叫什么吧，他让她反复地'折叠'这方形牌阵。就像沿着邮票孔折叠整版邮票一样，直到把那十六张牌折成一堆。"

"那位女士一定是个托儿，"夏尔摩斯咕哝着，"这是基本的。"

"我不这样认为，夏尔摩斯。她帮不了什么忙。是观众决定要沿哪条对称线折叠的。比方说，第一次折叠可能沿着纸牌之间任意三条水平线中的一条，也可能是三条垂直线中的一条——这都由观众们当场喊出。"

"这样的话，那些观众都是托儿。"

我看出他有点要闹情绪。"我也亲自选了一次折叠方法，夏尔摩斯。"

这位了不起的侦探心猿意马地点了点头。"那么，可能这把戏是真的。在这种情况下——啊，对了，我想到了隐秘纸杯蛋糕那个难题……告诉我，何生：当纸牌被折成一堆后，海伦娜有被要求再把它们在桌上依次摊开，并且这时不准翻转牌面吗？"

"是的。"

"是不是结果很神奇，要么十二张牌面向下，四张面向上，要么四张牌面向下，十二张面向上？"

"没错，是前者。面向上的牌是——"

"四个A。还有别的吗？这个戏法我已经看透了。"

"但结果也可能是反过来的啊，夏尔摩斯。"

"在那种情况下，魔术师会让海伦娜把那四张面向下的牌翻过来……"

"哈哈，也是四个A。我明白了。但即便如此，这仍是个令人称奇的魔术。需要考虑四个A所有可能放置的位置，还有观众们可能选择的所有折牌过程！"

"只是个令人称奇的花招，何生。"

我很是惊讶。"你的意思是——他规定了观众们的折法？用了某种巧妙的心理欺骗术？"

"不，何生：他是规定了纸牌。帮我拿一下肥皂泡太太桥牌之夜用的那副牌，它就在楼下衣帽架的下面，然后我演示给你看。"我赶紧去取牌。

由于我最近身体不太好，当我回到楼上时，我已是气喘吁吁。夏尔摩斯接过纸牌，找出了四张A，然后又看似随机地将它们放了回去。接着，他摆出了四行每行四张牌的方阵，并像下图一样把四张牌翻了过来：

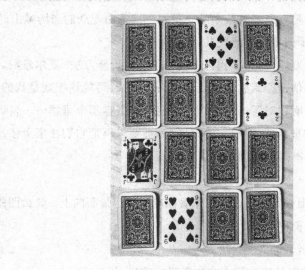

胡杜尼魔术的初始摆放

然后，像胡杜尼让海伦娜做的那样，他让我也把牌折叠成一堆。叠完之后，我再把牌依次摊开，果然四张面向上、十二张面向下。而那四张面向上的牌是……A！

"夏尔摩斯，"我叫道，"这是我见过最神奇的纸牌戏法了！我现在确信，你当初肯定把四个A放在了几个特定地方。但即便如此，折叠牌的方式也有很多很多种啊！"

夏尔摩斯把枪重新装上弹药。"我亲爱的何生，我跟你说过多少次了，不要轻易下没把握的结论。"

"但这确实有成千上万种方式啊，夏尔摩斯！"

夏尔摩斯微微点了一下头。"这可不是我刚才得出的结论，何生。你真的以为选择的折叠方式有关紧要吗？"

我拍了拍脑门。"你的意思是……这无关紧要？"夏尔摩斯什么都没说，又开始对着烟囱管道开枪了。

胡杜尼戏法的原理是什么呢？详解参见第265页。

纠结的父母

在数学家中，赫尔曼·恺撒·汉尼拔·舒伯特的名字大概算得上是最古怪的几个之一了。他是一位枚举几何学的先驱，这个领域主要计算满足特定条件的代数方程可以描述多少直线或曲线。看起来他父母望子成龙，但终究没有决定要站在哪一方。

赫尔曼·恺撒·汉尼拔·舒伯特

拼图佯谬

下面两个直角三角形看起来有相同的面积，即 $13 \times \frac{5}{2} = 32.5$。但其中有一个三角形在一边上缺了一个正方形，所以由图可证得31.5=32.5。错在哪了（如果有的话）？

详解参见第267页。

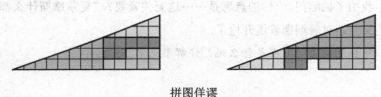

拼图佯谬

恐怖猫门案

马在泥泞的道路上飞奔。马车急速地转过拐角，差点儿撞上一辆装满土豆的推车。马车夫心有余悸地用他那脏兮兮的破衣服擦了擦额头。

"天呐，先生！刚刚我还以为要玩完了！"

"别停，伙计！你尽全力驾车就行，过会儿给你一几尼！"

到达目的地后，我跳下马车，付了钱，与一脸茫然的肥皂泡太太擦肩而过，跑上楼，没敲门就推门走进了夏尔摩斯的房间。

"夏尔摩斯！太糟糕了！"我气喘吁吁地说，"我的——"

"你的猫被偷走了。"

"被猫薄荷（catnipped）了，夏尔摩斯！"

"显然你想说'猫被绑架'（catnapped）了？"

"不是，它们被一束绑在绳子上的猫薄荷给吸引走了。"

"你是怎么知道的？"

"地上有留下猫薄荷。"

夏尔摩斯犀利地注视着我。"很不寻常啊。不像是他，一点都不像是他。"

"他？"

"是啊。他回来了。"

我走向窗边，应声道："确实回来了。但现在还不是吃烤栗子的时间，夏尔摩斯。"

"何生，你疯了吗？"

"有个老头儿在街对面卖烤栗子，"我解释道，"他昨天不在那里，但今天在。我猜你大概说的是他吧。"

"你**猜**，"夏尔摩斯刻薄地说，"不要猜，何生。仔细检视证据，然后**推理**。"我意识到他并非泛泛而谈，这里必定有他希望我展开推理的细节之处。

我佩服了一下自己对于夏尔摩斯的语气异乎寻常的敏感度。在思考了片刻之后，我想起来，几天前我无意中发现他在准备一个小型的武器库，里面有手枪、步枪和手雷。现在想来，也许事情有点不对劲。

我把刚刚的想法告诉了他，他点了点头。"就像是古老的幽灵从坟墓中复活，来索取芸芸众生的生命。"

"是吗？"我问道，"是**什么**呀，夏尔摩斯？"

"一个肮脏而危险的恶魔，犯罪界的威灵顿。"

"你不是应该说'拿破仑'吗？那看上去更恰当些。公爵完全不——"

"他穿雨靴，"夏尔摩斯解释说，"鞋底的花纹极为常见，以便隐藏他的脚印。他戴手套，以免留下他的指纹。他是一个易容大师。他能随意进出上了锁的门。他听每个政客所听，看他们的妻子所看。在很久以前那个命中注定的日子里，我和他第一次狭路相逢，那是他染指的众多英格兰罪案中的一桩。经过不懈努力，我终于追踪到他，取得了充分的证据，并捣毁了他的犯罪网络。于是，他被迫流亡海外，我愚蠢地认为他会就此金盆洗手。现在看来，他只不过是躲了起来。他已经回来，并继续着罪恶的勾当。而现在，这牵扯进了个人恩怨。"

"你说的是谁？"

"当然是莫亚里蒂！吉姆·莫亚里蒂，一位才华横溢但也有缺点的数学家，可惜他堕落了。在把邪恶的目光转向更有利可图的勾当之前，他以偷猫起家。不仅任何没有被绑牢的东西都会被他顺走，就连钉子、榔头和木板他也不会放过。我与他屡次交手，最早一次是——"

"夏尔摩斯，一个偷猫贼能掀起多大风浪？"

"正如我刚才所说，他是一个易容大师，何生。要仔细听。"

"那他都做了什么呢？"

"敲诈、盗窃、谋杀和绑架。而现在：猫薄荷。莫亚里蒂用回了他之前的手法。"他的语气变得严肃而坚定，"别担心，何生。我们会救回你的宠物"——我瞪了他一眼——"你那些毛茸茸的猫科同伴。我保证。"

最后，我想到了一个至关重要的问题。"夏尔摩斯？你怎么知道我的猫不见了？"他默默地递给我一个撕开的信封，里面是一张纸和一只受潮的健齿网状鼠。

"这是属于'发育异常'宝贝的小老鼠！"我很男人地啜泣了一下，"纸上写了什么？"

他展示给我看。上面写道：

CSNSGISTCSTEEVTAOOHAGIAIEITNRETET

"乱七八糟的一堆，夏尔摩斯，但我可以看出单词STEEV和HAGIA。呃……你有认识一个君士坦丁堡的斯蒂芬吗？"

"不对，何生！这是一串密码。我已经解开它了。"

"怎么解？"

"我注意到这上面一共有33个字母。这让你想到什么吗，何生？"

"呃——纸上没有更多地方可以写了。"

"何生：33等于3×11，是两个质数之积。我立刻想到了莫亚里蒂的数学出身。这让我将这些字母重排成一个3×11的矩形。就像这样。"

```
C S N S G I S T C S T
E E V T A O O H A G I
A I E I T N R E T E T
```

他得意地笑了起来，但我仍然满头雾水。它们看上去依旧杂乱无章。

"竖着读，何生！"

"CEASE INVESTIGATIONS OR THE CATS GET IT［停止调查，不然有猫咪们好瞧的］。哦，天啊！"我浑身颤抖着说，"为什么莫亚里蒂要对这些无辜的小生命做这么可怕的事情？"

"他在给我们传递一个信息。"

"这已经非常明确了。"

"不是，我是在打比方。"

"啊。那他是要赎金吗？"

"不。我觉得这是一个测试。我猜测这个案子只不过是为接下来更大的案子试试水。他就像猫捉老鼠一样地玩着我们。"

我定了定神，问道："那我们接下来能做什么？"

"游戏已经开始，而我们必须先人一步，才不至于落下风。我的线人已经确定了你那些猫的所在，它们被藏在一所再普通不过的房子里——不无讽刺地，那房子叫汪汪宅。事实上，房子里布满了隐秘的机关，有铁门、防弹窗和各种警报器。想要悄无声息地闯入根本不可能。"

我于是把配枪收了起来。"真是可惜。"

"不过，莫亚里蒂犯了一个错误。在那里有一扇被钉住的猫门。我们可以将猫门弄好，然后把猫从那里引出来。"

"对啊!"我嚷道,"我有办法了!我们可以用它们最爱吃的东西把它们引出来。'动脉瘤'喜欢法国百合,'肠鸣'超爱香蕉面包,'肝硬化'无法抗拒奶油包,而'发育异常'痴迷于饺子!"

"饺子?"他说道,"不管它了。你看,利用一些关键信息,再稍微动动脑筋,结果怎样?我们就取得了进展。让我们带上这些东西去把猫从猫门里面引出来。"

"我在家里屯了一些它们必需的口粮,"我说,"我去把它们拿来。"

"到时候就用它们吧,何生。但这里有个问题。我们必须把这些零食摆对顺序,因为不能让猫为此打起来。"

"当然,不然它们会受伤的。"

"不对,是因为莫亚里蒂在地下室装满了炸药,并把它们设置为,如果猫打起来就会被引爆。"

"什么!为什么!"

"因为他有理由相信,任何试图把猫救回去的行动都会引起它们之间的争斗。他正是利用这些动物本身作为一种预警系统。他毫不理会自己的诡计可能引发的恶果,这也是他的典型特点。正如我说过的,他在给我们传递一个信息:**什么**都阻止不了他。"

"我明白了。"

"你只是在看,何生,但你没有去观察。观察要从调查开始,调查得到的信息可以为推理提供依据。现在我就开始调查:在什么情况下,你的猫会打架?要准确,因为这事关成败。"

"只有当它们同处一室时。"我沉思片刻后答道。

"那么房子可能随时会被炸上天!"

"不是的:只要避免出现特定的组合,我的猫还是非常温和的。"说着,我写下了如下条件:

(1) 当"肝硬化"(C)和"动脉瘤"(A)同处一室时,它们会打架,

除非"发育异常"(D) 也在;

(2) 当"发育异常"(D) 和"肠鸣"(B) 同处一室时,它们会打架,除非"动脉瘤"(A) 也在;

(3) 当"动脉瘤"(A) 和"发育异常"(D) 同处一室时,它们会打架,除非"肠鸣"(B) 或"肝硬化"(C) 也在,或两者都在;

(4) 当"肝硬化"(C) 和发育异常(D) 同处一室时,它们会打架,除非"动脉瘤"(A) 或"肠鸣"(B) 也在,或两者都在;

(5) 如果"动脉瘤"(A) 或"肠鸣"(B) 独自在屋里,那它们根本不会出去。

夏尔摩斯和何生如何才能将猫平安地营救出来呢?猫门每次只能让一只猫通过。忽略猫出来后随即便被推回去的无益之举。在整个过程中,如有需要,猫可以再经猫门被推回去。详解参见第267页。

煎饼数

下面是一个名副其实的数学疑案——问题简单,但其解答目前仍像犯罪大师莫亚里蒂一样"不知所终"。

给你一堆大小各异的圆形煎饼,要求你按照最大的放在底下、最小的放在顶上这样的顺序排序。在整个过程中,只允许你将铲刀插到饼堆中的一些煎饼下面,然后把那些煎饼铲起后整个儿翻面。你可以重复这个动作任意多次,铲刀插入的位置也随你。

下图是一个四块煎饼的示例。它用了三次翻面让饼堆完成排序。

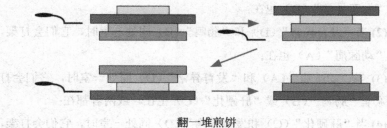

翻一堆煎饼

以下是提给你的几个问题。

(1) 任意四块煎饼的饼堆都能用至多三次翻面来完成排序吗？

(2) 如果不可以，那为了让任意四块煎饼的饼堆完成排序，最少需要几次翻面？

(3) 定义 n 块煎饼的饼堆完成排序所需最少的翻面次数为 P_n。证明 P_n 总是有限的。也就是说，任意饼堆都能通过有限次翻面完成排序。

(4) 求 n=1, 2, 3, 4, 5时的 P_n。我止步于 n=5，因为这已然有120种不同的饼堆需要考虑了，老实说，这个工作量已经太大了。

详解及相关信息参见第269页。

汤盘戏法

让我们继续烹饪主题，有一种很有意思的戏法，它可以用汤盘或类似物品来表演。你像服务员供应晚餐那样托稳手中的汤盘，然后你解释说，你将绕转手臂一整圈，并在整个过程中保持汤盘水平。

为了做到这点，先要将手臂向内转动，将汤盘转至腋下。接着将汤盘转个圈，并在这个过程中顺势将手举过头顶。最后身体恢复到最初的姿态。在整个过程中，尽管你没有抓紧汤盘，但它是不会掉下来的。

你可以从互联网上找到汤盘戏法的视频，比如

https://www.youtube.com/watch?v=Rzt_byhgujg

其中的戏法也被称为巴厘岛茶杯戏法，因为巴厘岛的舞者会用一只装满液体的茶杯替代汤盘。类似的拿着酒杯跳菲律宾舞蹈（每个舞者拿两只杯子，双手各拿一只）可参见

https://www.youtube.com/watch?v=mOO_IQznZCQ

这看起来似乎是个不起眼的小把戏，但它与数学有很紧密的关系。特别是，它还能帮助粒子物理学家理解量子理论中奇特的**自旋**性质。量子粒子并不是真的如同杂技演员把球顶在指尖转动那样地旋转，它只是一个被称作自旋的数，虽然在某种意义上它俩有点相像。自旋可以是正数或者负数，类似于顺时针和逆时针旋转。某些粒子的自旋是整数，这些粒子被称为**玻色子**（还记得发现希格斯玻色子的大新闻吗？）。另外一些则有点奇怪，它们的自旋是像1/2或3/2那样的半整数。这些粒子被称为**费米子**。

之所以出现半整数，是因为一种非常奇特的现象。如果你将一个自旋为1（或其他整数）的粒子在空间中旋转360度，得到的状态与开始时一样。但如果你将一个自旋为1/2的粒子在空间中旋转360度，那它的自旋就变成−1/2了。你不得不将它们旋转720度，即通过两次完整的转圈，才能把自旋变回初始状态。

用数学语言来说，这里存在一个被称之为SU(2)的"变换群"，它被用于描述自旋和变换量子状态的行为；还存在一个叫SO(3)的群，它被用于描述在空间中的旋转。它俩密切相关，但并不相同：每个在SO(3)中的旋转对应于在SU(2)中两次不同的变换，其中一个是另一个的相反数。这被称为二重覆盖。这就仿佛SU(2)包卷住了SO(3)，并且是卷了**两次**。有点像在扫把柄上圈了两圈橡皮筋。

物理学家常用狄拉克弦戏法（最早由伟大的量子物理学家保罗·狄

拉克提出）来说明这个概念。这个概念有很多种形式；一种非常简单的形式是用一条丝带，将它的一端固定，另一端连到一个悬浮在空中的转子上。丝带摆成像一个问号的样子。转子经过一次360度的旋动，丝带并没有回到它的初始位置，而是只转了180度。再转360度后，它才回到最初开始的位置。丝带运动的方式与持盘的手的运动本质上是一样的，只是在后者中，盘移动了点位置。一位处于零重力下的宇航员就有可能保持盘不动而做出同样的动作，并让身体在任何时候都面向同一方向。

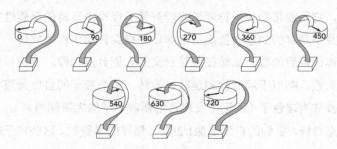

使用丝带的狄拉克弦戏法（上面的数为转子转动的角度）

有一部计算机合成电影（乔治·弗朗西斯、卢·考夫曼和丹尼尔·萨丁创意，克里斯·哈德曼和约翰·哈特制作），展示了狄拉克弦戏法与菲律宾酒杯舞之间的关系，可参见

http://www.evl.uic.edu/hypercomplex/html/dirac.html

同样的概念可以用于向旋转的装置，比如车轮，输送电流。这里乍看起来存在一个问题：车轮得孤悬在空中，这样电线才不至打结。1971年，D.A.亚当斯设计出了一个设备并获得了专利，它使用多个齿轮让电线可以跟着车轮旋转而不打结。细节很难在这里描述，详情参见：C. L. Stong, "Diverse Topics, Starting with How to Supply Electric Power to Something that is Turning," *The Amateur Scientist* (December 1975) 120–125.

数学俳句

　　俳句是一种短小的日本诗体，一般包括三个分开的短语（行）、总共十七个日文字母。虽然日文字母并不同于英语的音节概念，但用这个概念来写英语俳句已经够了。传统上的标准格式是，首句和末句用五个音节，中间句用七个音节。以松尾芭蕉（1644—1694）的一首俳句为例，原诗（此处略去）及其翻译都有如下格式：

At the age old pond	闲寂古池旁，
a frog leaps into water	青蛙跳进水中央，
a deep resonance.	扑通一声响。

　　在颓废的现代，人们通常不需要很严格地遵守5-7-5的格式，诸如6-5-6之类的变体也是允许的。事实上，总共十七个音节的规定也是可以改的。对于诗歌来说，最重要的不是精确的格式，而是它的内涵——需要能描绘出两幅不同却又有关联的意象。

　　俳句简单的格式让人们有一种很确定的数学"感"，因而出现了数不清的数学俳句。比如，

Ruler and compass	尺规可作图，
Degree of field extension	域扩张的度数兮，
Must be power of two.	必是二的幂。

　　　　　　　　　　　　　　　　　　　——丹尼尔·马修斯

Beautiful theorem	定理很漂亮，
The basic lemma is false	引理根本不成立，
Reject the paper.	赶快把稿退。

　　　　　　　　　　　　　　　　　　　——乔纳森·阿尔普林

Colloquium time. 　　　　学术报告会，

Lights out, somebody's snoring. 关灯开始鼾声起，

Math is such hard work. 　　做数学真累。

——乔纳森·罗森伯格

写作者有时会无心插柳，无意中将句子写成俳句格式。比如在H.G. 威尔斯的《时间机器》里：

And in the westward 　　　在西方天空，

sky, I saw a curved pale line 我看见一道白线

like a vast new moon. 　　似一弯新月。

安吉拉·布雷特在《普林斯顿数学指南》中注意到了这样一首（其他还有很多）：

Is every even 　　　　　　任何大于四

number greater than four the 的偶数都可写成

sum of two odd primes? 　　两质数之和？

蒂姆·波塞顿和我在1977年的《突变理论及其应用》一书中的献词也是一首俳句：

To Christopher Zeeman 　　献给吾师齐曼，

At whose feet we sit 　　　在他脚下拜，

On whose shoulders we stand. 在他肩上前行。

神秘马车轮案

夏尔摩斯翻看着成堆的报纸，寻找着足以让他的天才发挥作用的案件。与此同时，我恰巧往窗外望了一眼，看到一个熟悉的身影从一辆双轮双座马车上下来。"嘿，夏尔摩斯！"我叫道，"那是——"

"鲁兰德督察。他来这里是为了寻求我们的帮助。"

接着，敲门声响起。我开门看到肥皂泡太太和督察站在门口。

"夏尔摩斯！我来这里是为了——"

"唐宁汉的绑架案。是的，这个案子有点意思。"他递给鲁兰德一份报纸。

"这是一篇哗众取宠的报道，夏尔摩斯先生。关于唐宁汉伯爵命运和索要赎金数量的推测完全是毫无根据的。"

"对这种新闻来说，是可想而知的。"夏尔摩斯说。

"是的，尽管在这件事情上报纸没有透露某个关键信息，还算帮了我们忙，让我们有机会找到——"

"罪犯。比如他们没有索要任何赎金。"

"你究竟是怎么——？"

"如果有索要赎金的信息，那现在大家应该都知道了。但是没有。显然这不是一桩普通的绑架案。我们得尽快去唐宁汉府邸。如果我们没记错的话——这还从未发生过——它就坐落于阿平汉丘原。"

"十一分钟后，国王十字火车站有一班到阿平汉的列车。"我随手从书架上取下一本《布拉德肖列车时刻指南》，在夏尔摩斯开口之前说道。

"如果付给那辆马车一几尼，我们应该来得及！"夏尔摩斯叫道，"我们可以在路上讨论案情。"

当我们到达唐宁汉府邸时，南方公爵——也就是唐宁汉伯爵的父亲，根据贵族古制，子承父爵，要降级——亲自迎接我们，然后马上指给我们看绑架案的现场，它就在谷仓外的一片泥泞牧场上。

"我儿子是在晚上的某个时刻不见的。"他惊魂未定地说着。

夏尔摩斯趴在泥地里用他的放大镜仔细地看了几分钟，还时不时地自言自语。他拿出卷尺在谷仓的一角量了量。量完后，他直起了身子。

"我已经找到了我想要的证据，"他说，"我们得回伦敦去找最后一块缺失的线索。"说完转身便走,留下了在门口发呆的公爵和鲁兰德督察。

"不过,夏尔摩斯——"当我们上车后,我开始问他。

"你是不是没注意到车轮印?"他质问道。

"车轮?"

"和往常一样,警方把所有证据都破坏了个遍,幸好还有一点痕迹可寻。这也已够我确定伯爵是乘着农家车离开的,它的一个车轮与谷仓尽头的高墙碰了个正着。墙上的泥印显示,轮毂有一个点离地高8英寸,离谷仓9英寸。如果我们能确定车轮的直径,那就差不多破案了。"

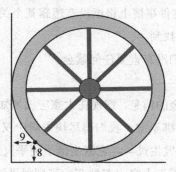

车轮示意图

"可能吗?"

"那得看车轮到底有多大。我们还得考虑到,所有马车的车轮直径都是大于20英寸的。让我想想……哈哈,没错,和我想的一样。"当我们回到国王十字火车站,他找了贝克街侦察小分队的一员——那里附近总有些小混混蹲点——让他给鲁兰德发了封电报。

"电报上写了什么?"

"写了在哪里可以找到伯爵。"

"但是——"

"据我所知,唐宁汉府邸附近只有一家农场的马车车轮,与我算出的直径一样大，这种车轮非常大。我确信伯爵是借着夜色自愿离开府邸的，为了避免被发现，他用了很低调的马车。他应该就在那马车平时停的地方附近。"

第二天早上，肥皂泡太太拿来了一封督察发来的电报：唐伯爵安好祝贺你鲁兰德。

"伯爵这是去哪里了？"我急切地问道。

"那啥，何生，这是个秘密，如果说出来会使几个欧洲最受尊敬的家族声誉受损。但我能告诉你车轮的尺寸是多少。"

车轮的直径是多大呢？详解参见第272页。

꧁ 成双成对 ꧂

关于诺亚方舟的漫画有成千上万。我最喜欢的一幅是关于生物主题的。最后几对动物——大象、长颈鹿、猴子——沿着斜坡走进方舟。诺亚跪在地上到处翻着。他的妻子在方舟船沿上探出身子对他大声喊道："诺亚！别再找另一条变形虫了！"

还有一个关于诺亚方舟的数学笑话，很老也很经典。

当洪水退去，诺亚把所有的动物都放了，告诉它们出去后要多多繁殖。于是，大象、兔子、山羊、鳄鱼、长颈鹿、河马和火鸡的宝宝到处都是。可不久，他遇到了孤零零一对看起来很沮丧的蛇。

"怎么啦？"诺亚问道。

"我们生不出宝宝。"一条蛇回答道。（记住，和怪医杜丽特一样，诺亚能与动物交谈。）

正好路过的黑猩猩听到了它们的对话，便说："诺亚，砍掉些树吧。"

诺亚感到很疑惑，但他还是按照黑猩猩说的做了。几个月过后，他去探望蛇，看到它们有了很多蛇宝宝，大家也都很开心。

"好吧，这是怎么回事？"诺亚问蛇。

"我们是蝰蛇，我们只能通过木材来繁殖。/我们是加法器，我们只能借助对数来做乘法。"（We're adders. We can only multiply using logs.）

V字形雁阵之谜

候鸟经常在飞行中呈V字队形。V字形的雁阵尤其常见，雁阵常常由数十只乃至上百只大雁组成。它们为什么采用这种队形呢？

研究人员很早就指出，这种队形可以减少前面大雁飞行时产生的尾流对后面大雁的影响，从而使后者能节省体能。近期的实验和理论研究也认可了这种传统观点。但这种理论依赖于大雁能够感知气流并据此调节飞行姿态，而长久以来没有证据表明它们具备这种能力……直到最近。

另一种说法是，雁群里有一只领头雁——最前面那只——其他大雁都跟着它。可能领头雁具有更好的导航能力，它知道该往哪里飞。当然，也有可能领头雁只不过是某只飞在最前面的大雁。

V字形的雁阵（多数都在从右往左飞，但右上角的鸟在往哪里飞？总是有一只……）

在继续寻找答案之前，我们需要了解一些鸟类飞行的基本常识。在一个稳定的飞行过程中，鸟类重复地拍打它们的翅膀，往下拍之后往上拍。在往下拍打翅膀时，它们的翅膀边缘会产生空气环流从而获得升力，再通过往上拍打使翅膀位置复原，以便于能循环往复地一次次振翅。这里，一次循环动作被称为一个周期。

假设两只鸟在飞行过程中的循环振翅动作有一样的周期，这种情况在候鸟中很常见。尽管它们的动作是一样的，但在某一时刻它们的姿态却可能是不同的。比如，当一只鸟往下拍打时，另一只可能正在往上拍打。它们动作之间的时差被称为相对相位，也就是在一个循环内，两只鸟分别开始往下拍打翅膀所间隔的时间。

多亏了斯蒂文·波图加尔和他团队出色的工作，如今我们知道节能理论是对的，**并且**鸟类确实能感知那些看不见的气流并加以利用。实验研究面临的最大问题是，那些需要被观察的鸟类以及那些绑在它们身上的设备很快就不知飞到哪儿。

这时隐鹮登场了。

世界上曾经有大量的隐鹮，古埃及人将它们风格化的形象作为象形文字akh，意为"照耀"。而如今，它们只有几百只存活于世，主要栖息地在摩洛哥。因此，维也纳的一家动物园正进行一项隐鹮圈养繁殖计划。那里的工作人员花费了大量努力训练它们飞行正确的迁徙路线。他们训练隐鹮跟着一架超轻型飞机，沿着正确的路线飞行，并最终返回基地。

波图加尔意识到通过这个计划，可以利用飞机更好地测量鸟群的飞行位置以及它们的翅膀运动。不同于以往鸟儿总是很快飞出视野，这回它们一直很靠近飞机。他们获得了令人吃惊的好成果。每只鸟都在前鸟的侧后方，并随时调整它们振翅的相对相位，使得它们能更好地利用前鸟产生的上升气流。后鸟不仅翼梢要放对位置（这点还不是最重要的），还需调整自己振翅的相位，从而有效地利用上升气流。

翅膀的位置以及相位调整（灰色曲线表示翅膀产生的空气环
流，箭头表示环流的方向）

乍一看，锯齿队形也满足这些条件，这时后鸟也在前鸟的侧后方，
只是没有组成V字形。（鸟儿可以选择偏左还是偏右的位置。）然而，第
一只打破V字队形的鸟（比如它本应飞在前鸟的右后方，却飞在了左后
方）就需要考虑在它前面的两只鸟所造成的影响。由于前鸟的干扰，气
流会变得紊乱，因此对它而言，摆好翅膀以获得上升气流会变得很困难。
但这个问题可以通过保持V字队形，从而利用外侧的稳定气流来避免。

还有一种可能就是鸟儿飞成斜线形，就像V字的一条边。但这样会
给其他鸟类留出加入它们队列的空间，并让不速之客能更接近它们的头
鸟。此外，如果只飞一边，队伍的长度会比V字形要长得多。

为什么不以一种更为复杂的锯齿队形飞行，就像图中所示或
某种更错落的队形？

人们通过对隐鹪的实验发现，幼鸟需要经过一定时间的学习，才能适应队形。事实上，有些鸟会飞错位置，所以其实很少有完美的V字形。尽管如此，更深入的实验表明，隐鹪有能力感知气流并据此调节自身与前鸟的关系，从而处于更有利的节能位置。

更多信息参见第273页。

e 的记忆术

关于π的记忆术数不胜数（参见第38页）。但关于另一个著名的数学常数，也就是自然对数的底

e=2.718 281 828 459 045 235 360 287 471 352 662 497 757...

的记忆术却很少。其中有两种给出了e的前10位记法：

To disrupt a playroom is commonly a practice of children.

It enables a numskull to memorise a quantity of numerals.

还有一个由基乌•巴里尔编写的e的前40位记法（Zeev Barel, "A Mnemonic for e," *Mathematics Magazine* 68 (1995) 253），读者可以自行与上面所列前10位记法比较一下。它用'!'来代表0，全文如下：

We present a mnemonic to memorise a constant so exciting that Euler exclaimed: '!' when first it was found, yes, loudly '!'. My students perhaps will compute e, use power or Taylor series, an easy summation formula, obvious, clear, elegant.

上面提到的"简单求和公式"（easy summation formula）是指

e=1+1/1!+1/2!+1/3!+1/4!+1/5!+⋯

其中!表示阶乘，即$n!=n\times(n-1)\times\cdots\times3\times2\times1$.

既然π的记忆术能用π语写出来，e的记忆术也能用e语写出来吗？

令人惊叹的平方

有多得数不清的自然数能用两种不同的三个平方数之和来表述：$a^2+b^2+c^2=d^2+e^2+f^2$。但奇妙之处还不止于此。下面是一个令人惊叹的例子：

$$123789^2+561945^2+642864^2=242868^2+761943^2+323787^2$$

如果我们依次去掉最左边一位数字，这个关系依然成立：

$$23789^2+61945^2+42864^2=42868^2+61943^2+23787^2$$

$$3789^2+1945^2+2864^2=2868^2+1943^2+3787^2$$

$$789^2+945^2+864^2=868^2+943^2+787^2$$

$$89^2+45^2+64^2=68^2+43^2+87^2$$

$$9^2+5^2+4^2=8^2+3^2+7^2$$

而如果我们依次去掉最右边一位数字，这个关系还是成立：

$$12378^2+56194^2+64286^2=24286^2+76194^2+32378^2$$

$$1237^2+5619^2+6428^2=2428^2+7619^2+3237^2$$

$$123^2+561^2+642^2=242^2+761^2+323^2$$

$$12^2+56^2+64^2=24^2+76^2+32^2$$

$$1^2+5^2+6^2=2^2+7^2+3^2$$

甚至我们依次同时去掉两端的一位数字，这个关系仍然成立：

$$2378^2+6194^2+4286^2=4286^2+6194^2+2378^2$$

$$37^2+19^2+28^2=28^2+19^2+37^2$$

这个数学疑案是由莫罗伊·德和奈马亚·查托帕迪亚发给我的，他们也把其中简单而又巧妙的原理作了说明。你能像福洛克·夏尔摩斯那样揭开其中的秘密吗？

详解参见第273页。

❧ 三十七疑案 🔍 ❧

"真有意思!"我不禁说出声来。

"很多事情都很有意思,何生。"夏尔摩斯接话道,我本以为他在椅子上睡着了,"这回你发现了什么有意思的东西?"

"我取123,然后把它重复六遍。"我答道。

"得到了123123123123123123。"夏尔摩斯不屑地说。

"哈,是的,但我还没完呢。"

"毫无疑问,你把它乘以37。"伟大的侦探又接着说。我本想告诉他一些他不知道的东西,看来这次又没成。

"是的!乘以37!我得到——别,夏尔摩斯,请别打断我——的结果是

$$4555555555555555551$$

有好多重复的数字5。"

"这很有意思?"

"当然啊。可能这种计算结果只是巧合,但如果我用234、345或456来代替123的话,也会有类似的结果。你看!"我便给他看了这些算式:

$$234234234234234234×37=8666666666666666658$$
$$345345345345345345×37=12777777777777777765$$
$$456456456456456456×37=16888888888888888872$$

"还不止这些:即使我重复123、234、345或456不同的次数,再乘以37,依然能得到同一个数字的多次重复,除了靠近首尾的地方。"

"我倾向于认为,"夏尔摩斯咕哝道,"这与123、234、345这样的模式没什么关系。你试过其他数吗?"

"我试了124,结果就不太对。你瞧!"

124124124124124124×37=4592592592592592588

"数字是三个一组地重复，但它就没像前面的数字那样有趣。"

"你试过486吗？"

"还没——嗯，我看124结果不好看，就觉得……噢，非常棒。"我拿回笔记本写着计算结果。"太有意思啦！"我又嚷起来，因为我得到了这样一个数：

486486486486486486×37=17999999999999999982

接着，我又随机试了各种三位数，把它们重复六次后乘以37。有时候，结果里包含了很多重复的数字，但更多的时候，结果不太理想。我给夏尔摩斯看了我的计算结果，不免有点疑惑。"我不太明白是怎么回事。"

"如果你考虑一下111这个数，"夏尔摩斯答道，"这个疑案无疑就会迎刃而解。"

于是，我写下

111111111111111111×37=4111111111111111107

然后盯着它看了起来。二十分钟过去了，夏尔摩斯起身从我身后看了看，笑着摇了摇头。"不对，不对，何生！我没让你这样考虑111！"

"哦。我以为——"

"我跟你说了多少回了，何生：**什么事情都不能想当然**！尽管这个谜题看起来与数37有关，但这只是问题的一部分。我的意思是，你应该考虑一下数111与37之间的关系。"

详解参见第274页。

平均速度

由于交通拥堵，一辆从爱丁堡开往伦敦的汽车开400英里车程需要10

小时，也就是时速40英里。而它返程只需要8小时，时速为50英里。那么这趟往返行程的平均时速是多少呢？

乍一看，应该是45英里每小时，也就是40和50相加后除以2，即它们的算术平均数。然而，汽车一共在18小时内开了800英里，所以平均时速应该是800/18=44$\frac{4}{9}$英里每小时。

这是为什么呢？详解参见第274页。

无提示伪数独四则

第40页的无提示谜题是数独的一种变体，我称之为无提示伪数独。这里给出另外四则这样的谜题。它们的规则如下：

- 每行及每列都只能使用1, 2, 3, ..., n一次，其中n为正方形的大小。
- 由粗线勾勒出来的各区域，其数字之和必须相等。

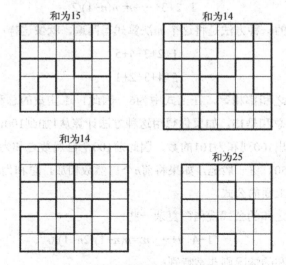

无提示伪数独谜题四则

为了帮助读者解出谜题，我在图案上部标出了区域的和。如果不考虑第四个方块的对称性，每个方块的解都是唯一的。

详解及进一步阅读资料参见第275页。

∽∾⪻ **立方求和** ⪻∾∽

从1开始的连续自然数之和被称为三角数，如1, 3, 6, 10, 15：

$$1=1$$
$$1+2=3$$
$$1+2+3=6$$
$$1+2+3+4=10$$
$$1+2+3+4+5=15$$

依此类推。这有一个公式

$$1+2+3+\cdots+n=n(n+1)/2$$

证明该公式的一种方法是将这个加法算式写两遍，就像这样：

$$1+2+3+4+5$$
$$5+4+3+2+1$$

显然垂直列之和都相等，在上式中为6。因此，这些数的总和的两倍是6×5=30，即总和是15。如果你想用这种方法计算从1加到100，那也是可行的：构造出100列和为101的数，因此前100个自然数之和为100×101的一半，即5050。更一般地，如果将前n个自然数相加，总和为$n(n+1)$的一半，也就是上面的公式。

平方数之和的公式就稍微复杂一些：

$$1+4+9+\cdots+n^2=n(n+1)(2n+1)/6$$

而立方数之和的情况则非常特别：

$$1^3=1$$
$$1^3+2^3=9$$
$$1^3+2^3+3^3=36$$
$$1^3+2^3+3^3+4^3=100$$
$$1^3+2^3+3^3+4^3+5^3=225$$

它们的和是对应的三角数的平方。

为什么立方数之和是个平方数呢？我们可以找出求和公式并加以证明，但这里给出一个非常直观的图形证明法，**不用**任何公式就可以证明

$$1^3+2^3+3^3+\cdots+n^3=(1+2+3+\cdots+n)^2$$

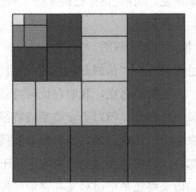

立方数之和的图形化

在上图中，有一个边长为1的正方形、两个边长为2的正方形（即2×2×2）、三个边长为3的正方形（即3×3×3），如此等等。因此，整个图形的面积就是连续立方数之和。观察图形的边长，可以发现它等于1+2+3+4+5，也就是连续自然数之和。而正方形的面积等于边长的平方。证毕！

要是想得到一个具体公式，则由于已知1+2+3+…+n=n(n+1)/2，所以平方一下，便可得$1^3+2^3+3^3+\cdots+n^3=n^2(n+1)^2/4$。

文件被盗之谜 🔍

夏尔摩斯把拆开的信和信封递给我。

"考考你的观察力，何生。你觉得这是谁寄给我的？"

我把它拿到灯下，仔细地看了看邮戳和邮票，又闻了闻，检视了一下封口的背胶。"寄信人是位女士，"我说，"未婚，但又不是独身主义者，她正在积极寻找配偶。她受到了一些惊吓，但又表现得很勇敢。"我顿了顿，又想到了一点："她的经济状况不太好，但还没到拮据的地步。"

"很好，"夏尔摩斯说，"我觉得你已经学会了一些我的方法。"

"我尽力而为吧。"我说。

"说说你是怎么推测得到这些的。"

我整理了一下思路，说道："信封是粉色的，而且有很明显的香水味。如果我没闻错的话，那是快乐之夜，我朋友比阿特丽克斯也经常用它。它对于已婚女性来说太过招摇，但对于没结婚的就很合适。用这种香水说明她正积极地寻求男士的注意。封口处的化妆品残留也印证了这点。但背胶只粘住了一部分，表明她在封信封时嘴巴很干，而嘴巴干是害怕的一种表现。考虑到她最终还是把信写完并寄给了你，说明她还是能较好地应对重压，颇有胆识。

"最后，从邮票上可以看出，那是一张从其他用过的信封上蒸下来的邮票，因为角上有折痕，还有之前的邮戳印记。这点说明她很节俭。但由于她还用香水，所以她不是很穷。"

他若有所思地点了点头，我开始沾沾自喜起来。

"有些细节你忽略了，"他轻轻地说道，"这些细节可以让你有不一样的视角。信封的形状和大小揭示它是一件政府用的东西，在所有商业街上的文具店里买不到。我之前请你留意过我写的关于文具的款式和尺寸的论著。用于写地址的墨水是一种不常见的暗褐色，主要供应给白厅的政府部门，也是非商用的。"

"啊哈！那她现任男朋友一定是个公务员，信封和墨水都是从他那里拿来的。"

"这是一个合理的理论，"他说道，"但当然完全不对，尽管它看上去很合理，并与众多证据不相矛盾。事实上，这封信是我哥哥谍克罗夫特寄来的。"

我呆住了。"你有一个哥哥？"夏尔摩斯从未提起过他的家庭成员。

"噢，我没有提起过他吗？那是我疏忽了。"

"你怎么知道这是他写的信？"

"他在上面签名了。"

"哦。那我看到的那些线索呢？"

"那是谍克罗夫特开的玩笑。不过我们得抓紧了，因为我们马上要去丢番图俱乐部见他。去找个流浪儿给他六便士，让他去叫一辆马车，我们在路上继续聊。"

当我们一路颠簸地沿着波特兰大街行驶时，夏尔摩斯告诉我他哥哥是一位退休的质数专家，偶尔接一点女王陛下政府的活儿。他拒绝透露工作的内容，说那些是高度机密的，有着很高的政治敏感度。

到丢番图俱乐部后，我们被带到了宾客休息室，在那里已经有一位先生坐在一张舒适的单人沙发里等着我们了。那人给我的第一印象，让我觉得他是一个胖胖的慵懒之人，但隐藏在这第一印象后面的是他那敏锐的头脑和机警的身形。

夏尔摩斯将我们相互引见了一番。

"你经常对我的推理能力表示惊讶，何生，"他说道，"但谍克罗夫特比我还厉害。"

"有一个领域，你是比我强的，"他哥哥反驳道，"那就是处理那些具有大量精确条件的逻辑难题。对此我就感觉无从下手。来看看我的笔记吧。"

"你不反对何生也知道全部细节吧？"

"他在阿尔热巴拉斯坦期间的服役表现无懈可击。不过，他也必须宣誓保密，但只要口头宣誓就可以了。"

夏尔摩斯向他哥哥投去犀利的目光。"这可不像是你以往的风格。"

"我只需告诉他泄密的后果是什么就够啦。"

我当即宣誓，随后便开始步入主题。

"有一份重要的文件不幸丢失了，其实应该说是被盗了，"谍克罗夫特说，"它对大英帝国的国家安全极其重要，一定要马上找回来。如果文件落到我们的敌人之手，我们就会遇到大麻烦，帝国的一部分就会瓦解。幸好，当地警察瞥见了小偷，这点已经足以将嫌疑范围缩小到四个人中的一个。"

"是小毛贼吗？"

"不是，是四位有声望的绅士。他们是阿巴斯诺特海军上将、伯灵顿主教、查尔斯沃斯船长和达逊汉医生。"

夏尔摩斯笔直地坐着说："这一定又与莫亚里蒂有关。"

他没进一步解释，我便问他为什么。

"这四个人都是间谍，何生。他们为莫亚里蒂工作。"

"那……谍克罗夫特一定是从事反间谍工作的！"我叫道。

"没错，"夏尔摩斯看了看他哥哥，"但你不是从我这里听来的。"

"这些卖国贼受到审判了吗？"我问道。

谍克罗夫特给了我一份卷宗，为了让夏尔摩斯也能听到，我便大声地读了出来："在询问过程中，阿巴斯诺特说'是伯灵顿干的'，伯灵顿说'阿巴斯诺特在撒谎'，查尔斯沃斯说'不是我干的'，达逊汉说'是阿巴斯诺特干的'。就这些。"

"不止这些。我们从别的消息来源获悉,他们中只有一人说的是真话。"

"你在莫亚里蒂的圈子里还有卧底,谍克罗夫特?"

"我们有过一个卧底,福洛克。但他还没来得及告诉我们真相,就用自己的领带自杀了。真是让人难过——那可是条老伊顿领带,人就这么去了。不过,不是所有的东西都随他消逝了。只要推理出谁是窃贼,我们就能取得搜查令并找回文件。这四个人都被牢牢地看着,他们没机会把文件转移给莫亚里蒂。但我们也束手束脚,因为必须遵守法律的条条框框。而且如果我们搜错了地方,莫亚里蒂的律师会就此大做文章,给我们造成不可挽回的损失。"

那谁是小偷呢?详解参见第276页。

普天之下

一个农场主希望用尽可能少的篱笆去圈尽可能多的土地。他稀里糊涂地求助于本地的一所大学,而这所大学派了一位工程师、一位物理学家和一位数学家来给他出主意。

工程师搭了一个圆形的篱笆后,告诉农场主,圆形是最有效率的形状。

物理学家搭了一条一望无际的篱笆,并告诉农场主,让篱笆绕地球一圈,就可以把半个地球收入囊中。

数学家围着自己搭了一个很小的圆形篱笆,说道:"我定义自己是在圈外。"

∽◦⌒ 另一道数的谜题 ⌒◦∽

$$1\times8+1=9$$
$$12\times8+2=98$$
$$123\times8+3=987$$
$$1234\times8+4=9876$$
$$12345\times8+5=98765$$

依此类推。请你也当一回福洛克・夏尔摩斯：接下来会是什么样的结果？这种模式何时结束？

详解参见第277页。

∽◦⌒ 不透明正方形问题 ⌒◦∽

说到篱笆：要能挡住所有望向一块正方形区域的视线，最少需要多少篱笆？也就是说，这些篱笆与所有穿过正方形区域的直线相交。这也被称为不透明正方形问题：正如名字所述，你的视线不能穿透该区域。这个问题可以追溯到1916年，不过斯蒂芬・马祖尔凯维奇当时讨论的不单是正方形，而是任意形状。这个问题尚未完全解决，但已经取得了一些进展。

假设正方形区域的边长为1单位，那么在四周围上篱笆是可以解决问题的，这样总长度为4。不过，我们可以把一条边上的篱笆拆掉，这种情形还是不透明正方形，于是篱笆长度降低到了3。这是只使用单一一条折线所需的最少篱笆了。但如果允许用多条线段，我们马上会想到一种更少的摆法：沿着正方形的两条对角线造篱笆，其总长为 $2\sqrt{2}$，约等于2.828。

还能缩短吗？有一点我们很清楚：所有要让正方形变得不透明的篱笆都必含正方形的所有四个角。因为如果没包含某个角，那就会有一条直线与正方形在那个角相交，躲过篱笆的封锁。只要有一条这样的直线，问题的条件就不满足。

任何包含所有四个角并将它们连在一起的篱笆，必不透明，因为任何与正方形相交的直线要么相交于一个角，要么把正方形一分为二。因此，任何连着的篱笆都会与那条直线相交。那么在这类篱笆中，两条对角线是最短的了吗？不是的。最短的连接四个角的篱笆，被称为斯坦纳树，它的长度为$1+\sqrt{3}$，约等于2.732。这些线相互呈120度夹角。

事实上，这种篱笆还不是最短的不透明篱笆。有一种不相连的篱笆，被分成两部分，却能巧妙挡住所有视线，其总长度为$\sqrt{2}+\sqrt{3/2}$，约等于2.639。人们普遍相信这是最短的不透明篱笆，但还没给出证明。贝恩德·卡沃尔证明了在只使用两部分的篱笆的情况下，这种篱笆是最短的。这种篱笆，其中一部分是连接了三个角的斯坦纳树，三条线的夹角均为120度，另一部分则是从第四个角到中心点的直线。

正方形的不透明篱笆（从左往右，篱笆长度依次为4、3、2.828、2.732和2.639）

我们甚至还不能确定，是否**存在**一种最短的不透明篱笆。我们也不确定，如果它真的存在的话，它是否必定全部都处在区域内。万斯·费伯和简·梅切尔斯基证明了在给定有限部分的篱笆的情况下，至少存在一种最短的不透明篱笆。（我们知道，可能存在多种。）但这里至今未解决的技术问题是，有可能分成越多部分，篱笆就能越短。这样的话，我们可能会找到长度越来越短的一系列篱笆，但没有一种比其他所有篱笆都短。又或者，一个由无限多个不相连部分所组成的篱笆可能是最短的。

不透明多边形和圆形

当你遇到无法解决的问题时，一个数学家常用的技巧就是把它一般化：思考一系列类似却更复杂的问题。这看起来有点不明智：把问题变得**更难**怎么会有助于它的解决呢？但你思考的例子越多，你越有可能找到它们一些有意思的共同点，可能有助于解决问题。这种做法并不总是有效的，并且在不透明篱笆问题上它还没有定论，但有时候它还是很有用的。

一种将不透明正方形问题一般化的方法是考虑各种不同的形状。我们可以将正方形改为矩形、多边形、圆形或者椭圆形——有数不清的形状可以尝试。

数学家们主要考虑的是两种情况：正多边形和圆形。我们已知在等边三角形中的最短不透明篱笆是一棵通过直线将三个角连接在一起的斯坦纳树。下面给出了在正多边形中构造已知的最短不透明篱笆的一般方法，奇数条边与偶数条边的情况类似但有所不同。

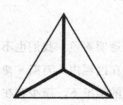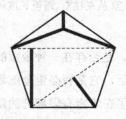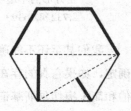

已知的正多边形最短不透明篱笆（从左往右：等边三角形、
奇数条边的正多边形、偶数条边的正多边形）

那么不透明圆形的情况又怎样呢？如果篱笆必须全部处在圆形区域内，一个明显的答案是圆的边界。如果是一个单位圆，那么它的长度等于2π，约等于6.282。如果某段边界缺失了，那你就得在圆内放一段篱笆来阻挡穿过这段缺失边界的视线，这会变得相当复杂。直观上看，圆形可以被视作具有无穷多条边、边长为无穷小的正多边形。基于这个概念，卡沃尔证明了用类似正多边形时的构造方法，由无穷多部分篱笆所组成的不透明篱笆总长为π+2，约等于5.141，这个值比2π小一些。如果允许篱笆超出区域之外，还有一种同样短的U形不透明篱笆，长度也是π+2，并被猜测是可能最短的。事实上，对于没有分支的单一曲线，这种篱笆已被证明确实是最短的。

圆形的不透明篱笆（左图：明显但非最短；右图：有部分超
出区域但更短）

问题也被扩展到了三维：这时篱笆是平面或其他更复杂的东西。对于立方体，已知最好的不透明篱笆是由若干个曲面组成的。

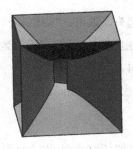

立方体的已知最好的不透明篱笆

$$\pi r^2?$$

Pi r squared? 不对，派是圆的，不是方的。巧克力才是方的。

一签名：第一部分 🔍

"夏尔摩斯！这里有一个巧妙的谜题。可能你会感兴趣。"

福洛克·夏尔摩斯放下单簧管，刚才他正用它吹着玻利维亚葬礼挽歌。"我表示怀疑，何生。"近几周他一直很忧郁，我决定帮他振作起来。

"这个谜题是如何表达整数1, 2, 3等，最多只能用——"

"四个4，"夏尔摩斯说，"这题我很熟，何生。*"

我没有因为他对这道题目毫无兴趣而感到气馁。"用最基本的算术符号，可以算到22。加上平方根可以算到30。使用阶乘可以算到112，而用幂次方能算到156——"

"如果用上子阶乘的话，还可以算到877呢，"夏尔摩斯接着说，"这是一道老题目，已经没什么可以研究的了。"

"什么是子阶乘，夏尔摩斯？"我问道，但他已埋头于昨天的《每日呷报》里了。

过了一会儿，他抬起头，说道："提醒你一下，这题有很多种变体。选用4提供了相当大的自由度，好几个有用的数只用一个4就可以构造出来。比如，$\sqrt{4}=2$，4!=24。"

"这个感叹号是什么意思？"我问道。

---

* W.W. Rouse Ball, *Mathematical Recreations and Essays* (11th edition), Macmillan, London 1939.

"阶乘。它的含义是，4!=4×3×2×1，依此类推。根据这个定义，4!等于24。"

"哦。"

"免费赠送的这些数让题目变简单了。不过我想……"他停了下来。

"想什么，夏尔摩斯？"

"我在想，如果只用四个1的话，情况会是怎样。"

我暗自窃喜，因为很明显他已经对此产生了兴趣。"我明白了，"我说道，"这样的话，$\sqrt{1}=1$，而1!=1，就没有'免费'赠送的新数了。这使问题更难，或许更值得我们花点精力。"

他咕哝着，我赶忙继续跟进——让夏尔摩斯对问题感兴趣的最好办法，就是试图解决却败下阵来。

"我能想到

$$1=1×1×1×1$$

以及

$$2=(1+1)×1×1$$
$$3=(1+1+1)×1$$
$$4=1+1+1+1$$

但我想不出5的表达式。"

夏尔摩斯皱了皱眉。"你可以这样想

$$5=(1/.1)/(1+1)$$

这里的点代表小数点。"

"哦，真是聪明！"我叫出声来，但夏尔摩斯只是轻哼一声。"那6呢？"我继续问道，"我可以用阶乘，得到

$$6=(1+1+1)!×1$$

这里其实只需要三个1，但多出来的1可以用乘法消化掉。"

"太小儿科了，"他轻声地说，"你有没有想到

$$6=\sqrt{1/.\dot{1}}+\sqrt{1/.\dot{1}}$$

何生？或者，如果你坚持要用阶乘的话，

$$6=(\sqrt{1/.\dot{1}})!$$

当然，你也可以再乘以1×1、1/1，或者加上1-1之类的，把所有四个1都用完。"

我盯着算式，问道："我认出小数点了，夏尔摩斯，但 $\dot{1}$ 是什么呢？"

"无限循环，"夏尔摩斯百无聊赖地答道，"就是0.111111…无限下去。这里，个位数的0省略掉了。这个无限循环小数精确地等于1/9。1除以它得到9，9的平方根是3——"

"于是3+3=6，"我兴奋地说着，"接下来，显然有

$$7=(1+1+1)!+1$$

这很容易，不需要平方根。但8就有些难了——"

"要长耳朵呀。"夏尔摩斯说。

$$8=1/.\dot{1}-1\times1$$
$$9=1/.\dot{1}+1-1$$

"啊哈！对！再接下来，

$$10=1/.\dot{1}+1\times1$$
$$11=1/.\dot{1}+1+1$$

然后……"

"你已经把所有的1都用掉了，"夏尔摩斯说，"最好省着点，接下来还有用呢。"于是，他写下

$$10=1/.1$$
$$11=11$$

并补充道："注意到这里没用'无限循环'符，何生。这里只需要普通的小数.1就够了。哦，你还得乘个1×1或前面提到的那些方法，把多余的1给用完。但稍后，你可以把这两个1重新利用起来。"

"是的！你的意思是，像这样

$$12 = 11 + 1 \times 1$$
$$13 = 11 + 1 + 1$$
$$14 = 11 + \sqrt{1/.\dot{1}}$$

如此等等？"

夏尔摩斯脸上浮现出了久违的笑容。"你已经会了，何生！"

"那15怎么凑？"我问道。

"很简单。"他叹了口气，写下

$$15 = 1/.\dot{1} + (\sqrt{1/.\dot{1}})!$$

我便又洋洋自得地继续写道：

$$16 = 1/.1 + (\sqrt{1/.\dot{1}})!$$
$$17 = 11 + (\sqrt{1/.\dot{1}})!$$
$$18 = 1/.\dot{1} + 1/.\dot{1}$$
$$19 = 1/.1 + 1/.\dot{1}$$
$$20 = 1/.1 + 1/.1$$
$$21 = 1/.1 + 11$$
$$22 = 11 + 11$$

夏尔摩斯赞许地点了点头。"现在事情开始有意思起来了，"他评论道，"23怎么凑，你说说看？"

"我已经知道了，夏尔摩斯！"我喊道。

$$23 = (\sqrt{1/.\dot{1}}) + 1)! - 1$$
$$24 = (\sqrt{1/.\dot{1}}) + 1) \times 1$$
$$25 = (\sqrt{1/.\dot{1}}) + 1)! + 1$$

"我记得的，"我解释道，"因为4!=24，你之前提过。这真有趣，夏尔摩斯！但对26我实在无能为力了。"

"好吧……"他想说什么，却又停了下来。

"你也卡壳了，是吗？"

"当然没有。我只是在想是不是需要引入新的符号。新符号会把问题变得简单些。何生，你知道向下取整函数和向上取整函数吗？"

我一头雾水地低头看看脚下，又抬头望望头上。

"看起来你不知道。"夏尔摩斯说。他怎么会知道我想的是什么呢？我心里想，这真是——

"不可思议……是的，难道不是吗？我看你就像读一本书，何生，而它的难度就像《鹅妈妈》。告诉你吧，这两个函数分别是

$$\lfloor x \rfloor = \text{小于或等于} x \text{的最大整数（向下取整）}$$
$$\lceil x \rceil = \text{大于或等于} x \text{的最小整数（向上取整）}$$

你会发现，这两个函数在这类谜题中是不可或缺的。"

"太好了，夏尔摩斯。不过我承认，我还是不太明白……"

"何生，通过这些函数，我们能只用两个1就得到一些有用的小的数。比如，

$$3 = \left\lfloor \sqrt{1/.1} \right\rfloor$$

这样我们就可以只用两个1来得到3了。还有

$$4 = \left\lceil \sqrt{1/.1} \right\rceil$$

也是新的构造方法。"他见我还是有点不明白，又补充说，"你知道$\sqrt{1/.1} = \sqrt{10} = 3.162$吧，它向下取整是3，向上取整是4。"

"没错……"我一脸狐疑地答道。

"接下来，我们继续往下，

$$26 = \left\lceil \sqrt{1/.1} \right\rceil! + 1 + 1$$
$$27 = \left\lceil \sqrt{1/.1} \right\rceil! + \left\lfloor \sqrt{1/.1} \right\rfloor$$
$$28 = \left\lceil \sqrt{1/.1} \right\rceil! + \left\lceil \sqrt{1/.1} \right\rceil$$

当然，还有别的方法可以凑出它们。"

各种思绪在我脑袋里翻腾着，突然我灵光一现。"哇，夏尔摩斯，我想到一个

$$5 = \left\lceil \sqrt{\left\lceil \sqrt{1/.1} \right\rceil !} \right\rceil$$

因为 $\sqrt{24} = 4.89$，它向上取整是5。这样，我就能凑出29和30！"你懂的，在这里我是指数30，而不是30的阶乘。标点符号有时真是烦人。

何生和夏尔摩斯继续研究着谜题，我们将会在后面看到他们的成果。但在这个故事继续之前，读者可以试试自己能凑到几。就从31开始吧。

《一签名》将在第103页继续。

质数间隙研究的进展

让我们回忆一下**合数**的概念，它是可以由两个更小的整数相乘得到的数，而**质数**呢，它是不能由两个大于1且小于自身的整数相乘得到的数。数1是一个特例：几个世纪前，它曾被当作质数，但这样会使得质因数分解不唯一。举例来说，6=2×3=1×2×3=1×1×2×3，诸如此类。现如今，由于上述及一些其他的原因，1被认为是一个特殊的数。它既不是质数也不是合数，而是正整数的单位：某个整数 x，使得 $1/x$ 也是整数。事实上，它是唯一的正整数单位。

最开始的几个质数是

2　3　5　7　11　13　17　19　23　29　31　37

质数有无穷多个，并且不规则地零散分布在所有整数中。质数长久以来是数学家取之不竭的灵感来源。在过去的很多年里，有许多关于质数的疑案已被解决。但仍然还有大量问题毫无进展。

2013年，数论学家在质数领域的两个疑案上取得了意想不到的突破。其中之一是关于两个连续质数之间的间隔问题，我会马上讨论到。另外一个问题则稍后再谈。

除了2以外，所有的质数都是奇数（因为所有的偶数都有质因子2），因此除了(2, 3)以外，所有连续的两个数不可能都是质数。然而，差值为2的两个数是有可能同为质数的：比如(3, 5)、(5, 7)、(11, 13)、(17, 19)，等等。我们还能找到更多这样的数对。这种差值为2的质数对被称为孪生质数。

长久以来，人们一直猜想孪生质数有无穷多对，但从未得到证明。此前，这方面的问题进展得非常缓慢，直到2013年，张益唐发表了一篇轰动数学界的论文。该论文指出，有无穷组间隔约为7000万的质数对。他的论文立即被纯数学领域的顶级期刊《数学年刊》采纳并发表。虽然这个结论看起来与孪生质数猜想还有很大距离，但它第一次证明了有限间隔的质数对有无穷多。如果能够将7000万降低到2，孪生质数猜想就被证明了。

如今的数学家越来越多地使用互联网来协同解决问题，陶哲轩便策划了一个合作项目来推动缩小7000万这一数值。他是在一个叫作博学大师项目的框架下实施的，这个项目正是旨在促进此类工作的开展。在数学家们深入理解张益唐的方法之后，间隔值开始大幅降低。詹姆斯·梅纳德将7000万降低到了600。2013年底，梅纳德用新方法进一步把它降低到了270。

最新的成果虽然还不是2，但与7000万相比，已经近得多了。

奇数哥德巴赫猜想

第二个（很有可能！）有望解决的质数疑案的历史要回溯到1742年，当时德国业余数学家克里斯蒂安·歌德巴赫在给莱昂哈德·欧拉的信中提出了一些他对质数的观察。其中有一个是这样说的："每个大于2的整数都能表示成三个质数之和。"欧拉回想起之前与歌德巴赫的一次交谈，当时哥德巴赫提到过一个相关的猜想："每个偶数都能表示成两个质数之和。"

歌德巴赫致欧拉的信。信中提到，如果一个整数是两个质数
之和，那么它也可以由任意多个（取决于该数自身大小）质
数相加得到。在信的空白处，他提出了任意大于2的整数都
能表示成三个质数之和的猜想。歌德巴赫定义1是质数，与
现代的惯例不同。

由于那时学界的惯例是把1当作质数，第二个命题其实已经暗含着第
一个命题，因为任何数都可以写成n+1或n+2，其中n为偶数。如果n是两
个质数之和，那么原来那个数就是三个质数之和了。欧拉说："我认为[第
二个命题] 是一个成立的定理，尽管我还无法证明。"这句话也很好地总
结了这个问题的现状。

不过，我们已经不再把1当作质数。所以现如今，我们把哥德巴赫猜
想分成了两种不同情况。

偶数歌德巴赫猜想说：

每个大于2的偶数都可以表示成两个质数之和。

奇数歌德巴赫猜想说:

每个大于5的奇数都可以表示成三个质数之和。

其中由偶数歌德巴赫猜想可以推出奇数哥德巴赫猜想,但反过来不行。

多年来,许多数学家在这个问题上都取得了进展。关于偶数歌德巴赫猜想,最好的成果当属陈景润,他在1973年证明了任意足够大的偶数都可以表示成一个质数和一个半质数(质数或两个质数之积)之和。

1995年,法国数学家奥利维耶·拉马雷证明了每个偶数都可以表示成最多六个质数之和,每个奇数都可以表示成最多七个质数之和。越来越多专家相信,奇数歌德巴赫猜想快要被证明了,而他们很可能是对的:2013年,哈拉尔德·赫尔夫戈特用相关的方法提出了一个证明。专家们正在对他的工作进行审核,看起来情况还不错。如果奇数哥德巴赫猜想成立,这意味着每个偶数都可以表示成最多四个质数之和(如果n是偶数,那么$n-3$就是奇数,是三个质数$q+r+s$之和,所以$n=3+p+q+r$,是四个质数之和)。虽然现在的成果已经非常接近偶数哥德巴赫猜想,但看起来仅仅使用现有的方法还是无法证明这个猜想。因此,数学家们还在继续探究。

质数疑案

数学有它自己的疑案,而数学家们像侦探一样试图破案。他们搜寻线索,做逻辑推演,试图找到能支持自己结论的证明。就像夏尔摩斯遇到的那样,最重要的一步是知道如何开始——照哪条思路进行才能取得进展。而对于许多问题,**我们依然毫无头绪**。这样说似乎是承认自己的无知(事实上,我们也的确如此),但它也说明,新的数学仍有待被发现,所以课题不用担心会枯竭。关于质数,就有许多看起来正确但我们尚无法确定的猜想。下面是一些例子，其中所有的p_n均指第n个质数。

吾乡–朱加猜想

p为质数，当且仅当$pB_{p-1}+1$的分子能被p整除，其中B_k是第k个伯努利数（Takashi Agoh, 1990）。你可以在互联网上查到前几个伯努利数：$B_0=1$，$B_1=\frac{1}{2}$，$B_2=\frac{1}{6}$，$B_3=0$，$B_4=-\frac{1}{30}$，$B_5=0$，$B_6=\frac{1}{42}$，$B_7=0$，$B_8=-\frac{1}{30}$。

或者等价地：p为质数，当且仅当

$$[1^{p-1}+2^{p-1}+3^{p-1}+\cdots+(p-1)^{p-1}]+1$$

能被p整除（Giuseppe Giuca, 1950）。

如果存在反例，那它至少是个13 800位的数（David Borwein, Jonathan Borwein, Peter Borwein, and Roland Girgensohn, 1996）。

安德里卡猜想

如果p_n是第n个质数，则

$$\sqrt{p_{n+1}}-\sqrt{p_n}<1$$

（Dorin Andrica, 1986）。

伊姆兰·戈里用了前1.3002×10^{16}个质数的间隔来检验该猜想。$\sqrt{p_{n+1}}-\sqrt{p_n}$对应$n$的前200个值如下图所示。纵轴的最大值为1，图上所有的突起都没超过它。从图中可以发现，随着n越来越大，差值似乎越来越小，但我们也知道，还是可能存在某个非常大的n，使得突起超过了1。虽然看起来不大可能，但这种可能性还没能被排除。

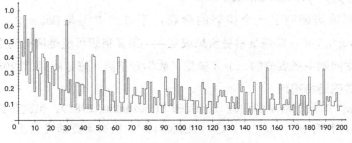

$\sqrt{p_{n+1}}-\sqrt{p_n}$对应$n$的前200个值

关于原根的阿廷猜想

对于既不是-1也不是完全平方数的整数a，存在无穷多的质数p，使得a是模p的原根。也就是说，对于这样的a和p，任意从1到$p-1$的数都可以表示为a的幂次方减去p的某个倍数。当这类质数的数目变得很大时，有具体公式可表述这类质数占自然数集的比例（Emil Artin, 1927）。

布罗卡猜想

当$n>1$时，p_n^2和p_{n+1}^2之间至少存在四个质数（Henri Brocard, 1904）。这个命题很可能为真；实际上，很可能更强的命题也为真。

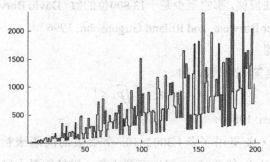

对应n的p_n^2和p_{n+1}^2之间的质数个数

克莱姆猜想

当n足够大后，两个连续质数之间的间隔$p_{n+1}-p_n$不会大于一个常数乘以$(\log p_n)^2$（Harald Cramér, 1936）。

克莱姆证明了一个类似的命题，不过式中不是$(\log p_n)^2$，而是$\sqrt{p_n}\log p_n$，并且前提是黎曼猜想成立——黎曼猜想可能是所有尚未解决的数学问题中最重要的一个（参见《数学万花筒（修订版）》第208页）。

法若兹巴赫特猜想

$p_n^{1/n}$的值严格单调递减（Farideh Firoozbakht, 1982）。也就是说，对任意n，都有$p_n^{1/n} > p_{n+1}^{1/(n+1)}$。这对直到$4\times10^{18}$的所有质数都成立。

哈代–李特尔伍德第一猜想

定义$\pi_2(x)$为前x个自然数中孪生质数的个数，定义孪生质数常数为

$$C_2 = \prod_{p \geq 3} \frac{p(p-2)}{(p-1)^2} \approx 0.660\,16$$

（其中符号$\prod$是指将所有$p \geq 3$的质数相乘），则其猜想为

$$\pi_2(n) \sim 2C_2 \frac{n}{(\log n)^2}$$

其中符号~表示当n趋于无穷大时，两者的比例趋于1（Godfrey Harold Hardy and John Edensor Littlewood, 1923）。

在后面，我们还会谈到哈代–李特尔伍德第二猜想。

吉尔布雷思猜想

先对质数

$$2, 3, 5, 7, 11, 13, 17, 19, 23, 29, 31, \ldots$$

计算它们相邻两数的差值：

$$1, 2, 2, 4, 2, 4, 2, 4, 6, 2, \ldots$$

再对上面这个序列的相邻两数求差值，忽略正负号，如此继续。得到前五个序列分别为

$$1, 0, 2, 2, 2, 2, 2, 2, 4, \ldots$$
$$1, 2, 0, 0, 0, 0, 0, 2, \ldots$$
$$1, 2, 0, 0, 0, 0, 2, \ldots$$
$$1, 2, 0, 0, 0, 2, \ldots$$
$$1, 2, 0, 0, 2, \ldots$$

吉尔布雷思和普罗斯猜想，无论做多少次这样的运算，所有序列的第一项总为1（Norman Gilbreath, 1958; François Proth, 1878）。

安德鲁·奥德雷兹科在1993年验证了猜想对于前3.4×10^{11}个序列都成立。

偶数歌德巴赫猜想

所有大于2的偶数都可以表示为两个质数之和（Christian Goldbach, 1742）。

托马斯·奥利韦拉-席尔瓦通过计算机已经验证到了$n \leq 1.609 \times 10^{18}$。

格里姆猜想

对于元素均为连续的合数的集合，该集合中每个元素都能分配唯一的一个质数将其整除（C.A. Grimm, 1969）。

举例来说，如果连续的合数为32, 33, 34, 35, 36，那么每个数分配的质数可以是2, 11, 17, 5, 3。

朗道第四问题

1912年，埃德蒙·朗道提出了四个关于质数的基本问题，即今天所说的朗道问题。前三个分别为哥德巴赫猜想（见前文）、孪生质数猜想（见下文）以及勒让德猜想（见下文）。他的第四个问题是：是否存在无穷多个质数p，使得$p-1$是个完全平方数？也就是说，$p = x^2 + 1$，其中x为整数。

开头几个这样的质数分别是2, 5, 17, 37, 101, 197, 257, 401, 577, 677, 1297, 1601, 2917, 3137, 4357, 5477, 7057, 8101, 8837, 12 101, 13 457, 14 401 和15 377。一个更大（但并不意味着最大）的例子是

$$p = 1\ 524\ 157\ 875\ 323\ 883\ 675\ 049\ 535\ 156\ 256\ 668\ 194\ 500\ 533$$
$$455\ 762\ 536\ 198\ 787\ 501\ 905\ 199\ 875\ 019\ 052\ 101$$
$$x = 1\ 234\ 567\ 890\ 123\ 456\ 789\ 012\ 345\ 678\ 901\ 234\ 567\ 890$$

1997年，约翰·弗里德兰德和亨里克·伊万涅茨证明了有很多$x^2 + y^4$型质数，其中x, y为整数。开始几个这样的质数分别为2, 5, 17, 37, 41, 97, 101, 137, 181, 197, 241, 257, 277, 281, 337, 401和457。伊万涅茨还证明了有无穷多个$x^2 + 1$型数，它可由最多两个质数相乘得到。虽然已经非常接近目标了，但尚未彻底解决。

勒让德猜想

阿德里安-马里·勒让德猜想，对于每个正整数n，在n^2和$(n+1)^2$之间都存在质数。这是个由安德里卡猜想（见前文）和奥伯曼猜想（见下文）引申而来的命题。安德里卡猜想表明，对于所有足够大的数，勒让德猜想是正确的。到目前为止，它对10^{18}以下的数都是成立的。

勒穆瓦纳猜想或利维猜想

所有大于5的奇数均可表示成一个奇质数和一个质数的两倍之和（Émile Lemoine, 1894; Hyman Levy, 1963）。

该猜想已经由D. 科比特验证到了10^9。

梅森猜想

1644年，马兰·梅森宣称，当n=2, 3, 5, 7, 13, 17, 19, 31, 67, 127和257时，2^n-1是个质数，而对于其他n<257的数，2^n-1均为合数。人们后来发现，梅森算错了五个地方：当n=67和257时，其结果是合数，而当n=61, 89和107时，其结果应该是质数。由梅森猜想引出了新梅森猜想和伦斯特拉–坡莫伦斯–瓦格斯塔夫猜想，具体见下。

新梅森猜想或贝特曼–塞尔弗里奇–瓦格斯塔夫猜想

对于任意奇数p，如果满足下面的任意两个条件，那么它也将满足第三个条件：

(1) 对于一些自然数k，有$p=2^k\pm1$或$p=4^k\pm3$。

(2) 2^p-1为质数（梅森质数）。

(3) $(2^p+1)/3$为质数（瓦格斯塔夫质数）。

（Paul Bateman, John Selfridge, and Samuel Wagstaff, Jr., 1989）

伦斯特拉–波默朗斯–瓦格斯塔夫猜想

存在无穷多个梅森质数，而小于x的梅森质数个数约为$e^\gamma \log\log x / \log 2$，其中$\gamma$为欧拉常数，其值约为0.577（Hendrik Lenstra, Carl Pomerance, and Samuel Wagstaff, Jr., unpublished）。

奥珀曼猜想

对于任意大于1的整数n，在$n(n-1)$和n^2之间至少存在一个质数，在n^2和$n(n+1)$之间也至少存在一个质数（Ludvig Henrik Ferdinand Oppermann, 1882）。

波利尼亚克猜想

对于任意正偶数n，存在无穷多对连续质数，其差为n（Alphonse de Polignac, 1849）。

当$n=2$时，它就是孪生质数猜想（见下文）。当$n=4$时，它说的是有无穷多对**表兄弟质数**$(p, p+4)$。当$n=6$，它说的是有无穷多对**六质数** $(p, p+6)$，且p和$p+6$之间没有其他质数。

雷蒙德–孙猜想

任意区间$[x^m, y^n]$（也就是说，从x^m到y^n之间的整数集合），至少包括一个质数，除了$[2^3, 3^2]$, $[5^2, 3^3]$, $[2^5, 6^2]$, $[11^2, 5^3]$, $[3^7, 13^3]$, $[5^5, 56^2]$, $[181^2, 2^{15}]$, $[43^3, 282^2]$, $[46^3, 312^2]$, $[22434^2, 55^5]$（Stephen Redmond and Zhi-Wei Sun, 2006）。

这个猜想在小于10^{12}的所有$[x^m, y^n]$中都得到了验证。

哈代–李特尔伍德第二猜想

如果$\pi(x)$为前x个自然数中质数的个数，则有

$$\pi(x+y) \leq \pi(x) + \pi(y)$$

其中$x, y \geq 2$（Godfrey Harold Hardy and John Edensor Littlewood, 1923）。

出于某些技术上的原因，这个猜想估计是不成立的。但第一个反例x大概会是个很大很大的数，它很可能大于1.5×10^{174}，但要小于2.2×10^{1198}。

孪生质数猜想

存在无穷多的质数p，使得$p+2$也是质数。

2011年12月25日，"质数网格"（一个利用志愿者提供的计算机空闲

时间来进行计算的分布式计算项目）宣布找到了迄今最大的孪生质数：

$$3\ 756\ 801\ 695\ 685 \times 2^{666\ 669} \pm 1$$

这个数有200 700位。

在小于10^{18}的数中，一共有808 675 888 577 436对孪生质数。

最优化金字塔

每当提起古埃及，我们总会想到金字塔，尤其是位于吉萨的胡夫大金字塔——这是所有金字塔中最大的一座，它旁边还有稍小的卡夫拉金字塔和孟卡拉金字塔。埃及现在发现了超过36座大金字塔以及上百小金字塔的遗迹，它们有的几乎完整，有的只剩下地基和原来墓室的一些石头——或更少。

左图：吉萨金字塔群（从后往前依次为胡夫大金字塔、卡夫拉金字塔、孟卡拉金字塔以及三座王后金字塔；由于透视的缘故，后面的金字塔看起来比实际上的小很多）；右图：曲折金字塔

研究金字塔的形状、尺寸以及朝向的文献汗牛充栋。它们中的绝大部分都是通过数上的联系来构造论据链进行推测的。胡夫大金字塔尤其受到这种方法论的青睐，与黄金分割数、π，甚至光速都扯上了各种关系。

这种方法论存在诸多问题，根本经不起推敲：数据可能本身就不精确，测量方法更是多种多样，以至于你想要什么数就能有什么数。

关于金字塔数据最好的来源之一是由马克·莱纳编撰的《金字塔大全》。其中一个数据是金字塔的坡度：金字塔三角形的面与地平面的夹角。下面是一些数据：

金字塔	坡度
胡夫大金字塔	51°50′40″
卡夫拉金字塔	53°10′
孟卡拉金字塔	51°20′25″
曲折金字塔	54°27′44″（下部），43°22′（上部）
红金字塔	43°22′
黑金字塔	57°15′50″

你可以从下面的网址获取更多的数据：

http://en.wikipedia.org/wiki/List_of_Egyptian_pyramids

我们很容易注意到两点。首先，试图把角度精确到分乃至秒是不明智的。位于代赫舒尔的阿蒙涅姆赫特三世的黑金字塔，它的地基边长105米，高75米。1秒的坡度差会产生1毫米的高度差。诚然，金字塔基座的原始位置还有迹可循，一些石块的碎片也保留了下来，但基于这些保留下来的金字塔遗迹，还是很难将原始坡度的估算精确到5度以内。

阿蒙涅姆赫特三世的黑金字塔遗迹

其次，尽管所有金字塔的坡度各不相同（曲折金字塔上下坡度不同，我们只考虑下部的坡度），但它们都接近54度左右。这是为什么呢？

1979年，R.H. 麦克米伦试图给出解答。参见：R.H. Macmillan, "Pyramids and Pavements: Some Thoughts From Cairo," *Mathematical Gazette* 63 (December 1979) 251–255. 他首先从一个众所周知的事实谈起。金字塔建造者在金字塔表面使用了昂贵的石材，比如白色图拉石灰岩或花岗岩。在内部，他们则使用了更便宜的材料：低品质莫卡塔姆石灰岩、砖块和碎石。因此，减少这些珍贵石材的用量是合理的。在给定此类石材量的情况下，为了满足法老尽可能造得大的要求，金字塔用什么形状才好？也就是说，在给定四个三角形的面积的情况下，坡度多大才能使体积最大？

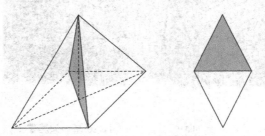

左图：金字塔切面图；右图：最大化一个等腰三角形或等价地，一个给定边长的菱形的面积

这是道经典的微积分题目，不过我们也可以通过一些几何技巧来解决它。将金字塔沿底面的对角线做垂直切面（上面左图中的阴影三角形），我们得到了一个等腰三角形。这半个金字塔的体积与该三角形的面积成正比，而这半个金字塔的斜坡面积与该三角形的腰长成正比。因此问题转换为，给定等腰三角形的腰长，如何使等腰三角形的面积最大。

将三角形沿底边对称翻转，于是我们又可以将问题转换为，在给定边长的情况下，如何使菱形的面积最大。答案是正方形（摆成菱形的样

子)。因此，这个等腰三角形的顶角为90度，底角为45度。利用基础的三角学知识，我们可以得到金字塔的坡度为

$$\arctan \sqrt{2} = 54°44'$$

这与实际的金字塔坡度的平均值很接近。

麦克米伦并没有说明这对建造金字塔意味着什么，他主要把这当成一个很好的几何练习。然而，莫斯科数学纸草书里记载了一个求截头金字塔（即塔尖被削去的金字塔）体积的方法，里面显示古埃及人早已掌握了类似的方法。它还解释了如何根据底面和坡度计算金字塔的高。此外，这份纸草书和莱因德数学纸草书都记载了如何求三角形面积的公式。因此，古埃及数学家可能早就解决了麦克米伦提出的问题。

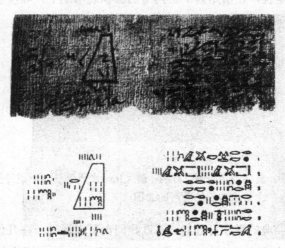

莫斯科数学纸草书之问题14：求截头金字塔体积

由于没有找到写有此般计算的纸草书，我们没有充分的理由假设他们当时是这么考虑的。我们也没有任何证据表明，他们对于优化金字塔形状感兴趣。即便他们对此感兴趣，他们也大可利用黏土模型进行实验。或者有可能他们根据经验提出了大体正确的猜测。又或者形状的演变是

趋向最经济的解决方案：这是建造者和法老都乐见的。另一方面，坡度也可能是由工程考量决定的：曲折金字塔之所以会成为那个样子，人们普遍相信是因为工程建设到一半时，它开始坍塌，所以坡度不得不减小。不管怎样，金字塔身上这一小小的数学问题，终究比它与光速之间的联系更值得我们研究。

一签名：第二部分

夏尔摩斯就像着了魔似的在房间里走来走去。我心理暗自叫着"万岁！"——因为我看出来他已经上钩了。我把他从之前的阴郁之中解救了出来，在脑海里盘旋着的玻利维亚葬礼挽歌的旋律也可以消停了。

"我们需要更系统化一些，何生！"他宣布道。

"用什么方式呢，夏尔摩斯？"

"用一种更系统化的方法，何生。"沉默片刻后，他开始解释道，"我们来列一下用**两个**1就能凑出来的小的数。把它们放在一起，我们就能——对，你很快就能发现，我保证。"

于是夏尔摩斯写下：

$$0 = 1 - 1$$
$$1 = 1 \times 1$$
$$2 = 1 + 1$$
$$3 = \sqrt{1/.\dot{1}}$$
$$4 = \lceil \sqrt{1/.1} \rceil$$
$$5 = \left\lceil \sqrt{\lceil \sqrt{1/.1} \rceil !} \right\rceil$$
$$6 = (\sqrt{1/.\dot{1}})!$$

写到这，夏尔摩斯停了下来。

"我不得不说，7和8得暂时先留空了，"他说，"不过没关系，先让我继续：

$$9 = 1/.\dot{1}$$
$$10 = 1/.1$$
$$11 = 11"$$

"坦白讲，我还没——"

"放心，何生，你会的。为方便讨论，假设我们能用两个1来表述7和8，这样我们就能得到0到11中所有的数。所以给定数n能用两个1表示，那么我们就能用**四个**1来表述$n-11$到$n+11$中的任意数——只要通过加或减我列出来的那些式子就可以了。"

"啊哈，我明白了。"我说道。

"一旦我告诉了你，你通常都会明白的。"他尖酸地答道。

"让我也来贡献一个新的想法，以表明我确实是理解了！由于我们知道如何用两个1来表述24，比如用$\left\lceil \sqrt{1/.1} \right\rceil$!，我们马上能用四个1凑出从24−11到24+11这个范围里的所有数。也就是说，从13到35的所有数。"

"完全正确！我想我们根本不必写下那些表达式。"

"当然不用，哈哈！我们还能凑到更多的数！看：

$$36 = ((\sqrt{1/.\dot{1}})!) \times ((\sqrt{1/.\dot{1}})!)"$$

"对，"他答道，"但在你兴奋之余，我还得提醒一下，我们还没找到用两个1表达7和8的式子。"

我垂头丧气地看着他，然后我突然灵机一动。"夏尔摩斯？"我叫了一声。

"怎么了？"

"阶乘使得数变得更大？"

他不耐烦地点了点头。

"平方根让它们变得更小？"

"是的。说要点，伙计！"

"而向下取整和向上取整把任意数变成整数？"

我看他愁容渐渐散去。"好家伙！是的，我明白了。我们知道，比如如何用两个1表述24，那么我们也能用两个1表述24!。这样的话，就是"——他眉头紧锁——"620 448 401 733 239 439 360 000。它的平方根的平方根是"——他脸涨通红地心算着——"887 516.46，再求平方根是942.08，再求平方根是30.69。"

"这样，我们就能用两个1来表述30和31了，"我说道，"就像这样

$$30 = \left\lfloor \sqrt{\sqrt{\sqrt{\sqrt{\sqrt{(\lceil \sqrt{1/.1} \rceil!)!}}}}} \right\rfloor$$

$$31 = \left\lceil \sqrt{\sqrt{\sqrt{\sqrt{\sqrt{(\lceil 1/.1 \rceil!)!}}}}} \right\rceil$$

当然，这没有帮我们找到用两个1表述7和8的办法。不过这样的话，我们可以把表述范围扩大到31+11，也就是42。就像你刚刚建议的，夏尔摩斯，所有的讨论都要基于系统化的方法。我建议我们现在再深入地研究一下，对两个1反复地求平方根及阶乘能得到哪些数。"

"对！还有一点也很明显，"夏尔摩斯说，"从凑出7的式子很快就能得到凑出8的式子。"

"嗯——是吗？"

"当然。由于7!=5040，它的平方根是70.99，再求平方根就是8.42，我们就有

$$8 = \left\lfloor \sqrt{\sqrt{7!}} \right\rfloor$$

所以疑案的关键就是数7！"在这里，亲爱的读者，他在7后面加的是感叹号，不是表示阶乘。请注意这一点，我之前也曾解释过。

夏尔摩斯皱着眉，说道："我能用双阶乘把这凑出来。"

"你是说阶乘的阶乘吗？"

"不是。"

"子阶乘？你还没解释过——"

"不是。双阶乘平时不太用到，它是

$$n!!=n\times(n-2)\times(n-4)\times\cdots\times4\times2$$

其中n为偶数，或者

$$n!!=n\times(n-2)\times(n-4)\times\cdots\times3\times1$$

其中n为奇数。所以举例来说，

$$6!!=6\times4\times2=48$$

它的平方根是6.92，向上取整得到7。"

我赶忙写下

$$7=\left\lceil\sqrt{((1/.i)!)!!}\right\rceil$$

但夏尔摩斯感觉还不太满意。

"何生，问题在于，只要我们不断引入不常见的算术符号，我们就能轻轻松松地把任何数表述出来。比如，我们可以用皮亚诺（Peano）公理。"

我反对道："夏尔摩斯，你知道我们的房东太太已经不停地抱怨你吹单簧管啦。她是不会再同意你弹钢琴（piano）的！"

"朱塞佩·皮亚诺是一位意大利逻辑学家，何生。"

"老实说，这可能没什么差别。我觉得肥皂泡太太不会——"

"安静！在皮亚诺的算术公理体系中，任何整数n的后继数是

$$s(n)=n+1$$

因此在皮亚诺看来，

$$1=1$$

$$2=s(1)$$

$$3=s(s(1))$$

$$4=s(s(s(1)))$$
$$5=s(s(s(s(1))))$$

这个模式可以无穷下去。因此，我们只需要用一个1就可以表述所有的整数。或者说，用这种方法，我们只需要一个0，因为$1=s(0)$。这太平凡了，何生。"

你能只用两个1，并利用夏尔摩斯和何生在引入双阶乘和后继数之前所用的运算符号得到7吗？详解参见第278页。

夏尔摩斯和何生的讨论还没结束。欲知后事如何，请见第114页。

首字母的困惑

R.H. 宾

R.H. 宾是生于德克萨斯州的美国数学家，他的主要成就是研究三维流形的几何拓扑。R.H.是什么的缩写呢？事情是这样的，他父亲叫鲁珀特·亨利（Rupert Henry），但他母亲觉得，对于德克萨斯人而言，这名字太过英国腔了，所以在他起正式名字时，她把他的名字消减成了只有首字母。因此，R.H.就是R.H.，不是任何缩写。这使得宾遇到不少麻烦，不过都不太严重，直到他申请去别的地方的护照。在被问到自己的名字时，预料到通常的反应，他特意说明是"R-only H-only Bing"。

于是，他得到了一张发给"R-only H-only Bing"的护照。

◦ҩ 欧几里得涂鸦 ҩ◦

这个数学疑案早在两千多年前就已经被解决了，并曾长期在课堂上被讲授，但出于某些合理的原因，现在学校不教了。不过，它还是值得了解的，因为它比如今在课堂上取代它的方法更有效。并且它与高等数学的方方面面也有着千丝万缕的联系。

人们喜欢涂鸦。在打电话或开会无聊时，人们会随手涂涂画画，用圆珠笔把报纸上的所有字母o填满，或者随手画一圈又一圈的不规则螺线。"doodle"一词（原意是"蠢人"）的这个义项可能最早由罗伯特·里斯金在1936年的喜剧电影《迪兹先生进城》中提出：迪兹先生用"doodle"称呼那些能帮助人们思考问题的涂鸦。

如果让数学家来涂鸦（他们大多会这样），他们可能会考虑画一个长方形。你能对长方形做些什么呢？你可以给它涂满颜色，可以沿着长方形的边界画条弯弯绕绕的曲线……当然，也可以切一个正方形下来，使得原来的长方形变得小些。然后按照涂鸦自然而典型的心理模式，你会重复这一过程。

结果发生了什么？在继续读本文之前，你可以先拿几个长方形试试。

好吧，让我们继续。拿一个扁长的长方形开始切，看看会发生什么。

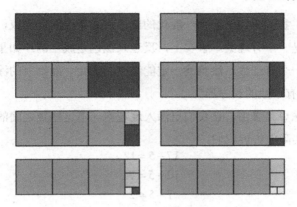

我的涂鸦

在切完长方形之后，最终会得到一个小的正方形。

总是会产生这样的结果吗？所有长方形最终都会被切成正方形吗？**这**对数学家来说可是个值得思考的好问题。

我刚刚画的长方形有多大呢？根据最终的图案，让我们来算一下：

❑ 两个连接在一起的小正方形边长之和为中等正方形的边长。

❑ 两个连接在一起的中等正方形边长之和加上一个小正方形的边长，组成了大正方形的边长，这也是长方形的宽。

❑ 三个大正方形边长加上一个中等正方形的边长，组成了长方形的长。

如果小正方形的边长为1个单位，那么中等正方形的边长就是2，大正方形的边长为2×2+1=5。长方形的宽为5，长为3×5+2=17。所以我是从一个17×5大小的长方形开始切的。

这真有趣：根据正方形组合的情况，我们能算出长方形的长和宽。而这里更深一层的意涵是：如果切割过程能结束，被切割的长方形的尺寸将是同一个的数（最后移除的正方形的边长）的**整数**倍。换言之，两条边的比值可以记为p/q，其中p和q是整数。它是一个有理数。

因此，我们得到了一个一般化的结论：如果涂鸦能结束，长方形的边长比将是一个有理数。事实上，反过来说也是成立的：如果长方形的边长比是一个有理数，涂鸦就一定能结束。因此，能结束的涂鸦对应于"边长比是有理数的长方形"。

为了探寻其缘由，让我们更深入地观察一下这些数之间的关系。前面几个图实际上告诉我们：

$$17 - 5 = 12$$
$$12 - 5 = 7$$
$$7 - 5 = 2$$

现在剩下了一个5×2的长方形，我们再减去中等正方形

$$5 - 2 = 3$$
$$3 - 2 = 1$$

现在只剩下了2×1的长方形，我们减去小正方形

$$2 - 1 = 1$$
$$1 - 1 = 0$$

结束！而且它**必须**结束，因为长方形的边长都是正整数，在每个阶段它们变得越来越小（要么被切去一块，要么暂时保持不变）。而正整数数列是无法无限递减的。比如，如果你从一百万开始递减，当减掉一百万以后，你将不得不结束。

更凝练地说，这个涂鸦告诉我们

　　17除以5得3余2

　　5除以2得2余1

　　2除以1可以整除，余0

而当余数为零时，整个过程结束。

欧几里得便用了这种涂鸦来求解一类算术问题：给定两个整数，求它们的最大公因数。最大公因数是指能将上述两个数整除的最大整数，经常被缩写为hcf。它也常被称为最大公约数（gcd）。比如，对于4500和

840这两个数，其最大公因数为120。

当年在我读书的时候，学校教的方法是将两个数因式分解为质数，然后比较哪些因子相同。比如，假设求68和20的最大公因数。先进行因式分解，得到

$$68=2^2\times17$$
$$20=2^2\times5$$

因此，它们的公因数为$2^2=4$。

这种方法仅适用于那些足够小、能被快速因式分解的数。对于大的数来说，这种方法几乎无效。古希腊人有一个更有效的方法，它有个花哨的名字，叫作**辗转相除法**。在刚刚的例子中，它是这样计算的：

68除以20得3余8

20除以8得2余4

8除以4可以整除，余0

结束！

这与此前17和5的情形一样，只是所有的数都大四倍（不过辗转相除的次数仍然一样）。如果对68×20的长方形做前述的涂鸦操作，你将得到与前面一样的图案，只是最后的小正方形是4×4，而非1×1。

这种方法被称为欧几里得算法。算法是指某种计算的实现方法。欧几里得将这个算法写入了他的《几何原本》，并把这作为自己质数理论的基础。用符号表达的话，这种涂鸦可以这样表述。给定两个正整数$m\leq n$。从数对(m, n)开始，接着用经过数值排序（小的在前）的$(m, n-m)$替代原数对。也就是说，有如下变换

$$(m, n)\rightarrow(\min(m, n-m), \max(m, n-m))$$

这里的min和max分别为取最小值和最大值。不断重复上述变换。每次变换之后，数对中较大的数总会变得小些。也就是说，当得到了数对$(0, h)$后，变换结束。而这里的h就是最大公因数。证明也非常简单：m和n的

任何公因子必定也是m和$n-m$的公因子，反之亦然，所以每次变换之后，最大公因子保持不变。

这种方法非常有效：你可以用它来手算非常大的两个数的最大公因数。为了证明这一点，这里给你留个"作业"：请找出44 758 272 401和13 164 197 765的最大公因数。

详解参见第278页。

欧几里得算法的效率

欧几里得算法的效率有多高？

就理论探讨而言，每次切掉一个正方形的方式更为简单，但在实践中，其更凝练的形式（除以多少余多少）是最好用的。它将所有切割固定大小正方形的动作凝练成了一个单一的操作。

这个算法的绝大多数计算量都发生在除法环节，因此我们可以通过计算除法的次数来估算该算法的效率。第一个提出这个问题的是A.-A.-L. 雷诺，他于1881年证明了除法最多需要m步，这里的m是两个整数中较小的那个。这是一个很粗略的估计。不久之后，他便将估算降低到了$m/2+2$，但这个结果还不够理想。1841年，P.-J.-E. 芬克将估算进一步降低到了$2\log_2 m+1$，而这与m的位数成比例。1844年，加布里埃尔·拉梅证明了除法的步数至多为m的位数的五倍。因此，即使对两个一百位数求公因数，用这个算法求解也不会超过五百步。一般而言，在这种情况下，用质因数方法是无法达到这么快速度的。

那么最糟糕的情况是什么呢？拉梅证明了，当m和n是连续的斐波那契数时，算法运算得最慢。下面是斐波那契数列

$$1\ 1\ 2\ 3\ 5\ 8\ 13\ 21\ 34\ 55\ 89\ \cdots$$

在这个数列中，每个数是前两项数之和。对于这种数而言，每次只能切一个正方形。举例来说，当m=34, n=55时，我们有

55除以34得1余21

34除以21得1余13

21除以13得1余8

13除以8得1余5

8除以5得1余3

5除以3得1余2

3除以2得1余1

2除以1可以整除，余0。

对于如此小的数而言，这个计算过程已经不是一般的长了。

数学家们也分析了平均的除法步数。给定n，对于所有比它小的m，平均下来的除法步数约为

$$\frac{12}{\pi^2}\log 2\log n + C$$

这里的C称为波特常数，等于

$$-\frac{1}{2}+\frac{6\log 2}{\pi^2}(4\gamma - 24\pi^2\zeta'(2)+3\log 2 - 2)=1.467$$

其中$\zeta'(2)$为黎曼ζ函数的导数在2的值，γ为欧拉常数，约为0.577。很难找到一类实际问题的方程会包含如此多数学常数。当n趋于无穷大时，上述公式与实际值的比率趋近于1。

123456789 乘以 X

有时候，从一个很简单的想法会得到许多奇妙的结果。请用123456789分别乘以1, 2, 3, 4, 5, 6, 7, 8和9。你注意到什么了吗？什么时候

这个特点会消失？

详解参见第279页。它的一个扩展，参见第144页。

一签名：第三部分

写有晦涩笔记的纸张四处散落，仿佛夏尔摩斯房间里每个平坦的地方都长出了蘑菇。想必你也能理解，这不是什么稀罕之事；肥皂泡太太经常抱怨他的猪圈式归档系统，但这丝毫不起效果。而这次，纸张上写的都是数。

"我能用两个1来凑出8，而不借助某个凑出7的式子，"我说，"就像这样，

$$8 = \left\lfloor \sqrt{\sqrt{\sqrt{11!}}} \right\rfloor$$

但我怎么也找不到表示7的办法。"

"7的确有点棘手，"夏尔摩斯附和道，"但你的结果可以推出下面两个数：

$$14 = \left\lfloor \sqrt{\sqrt{8!}} \right\rfloor$$

$$15 = \left\lfloor \sqrt{\sqrt{8!}} \right\rfloor$$

当然，必要的时候，我们可以用你的表达式来替换8。我可以把它写成完整形式——"

"不用，不用，夏尔摩斯，我毫不不疑！"

"但我们现在又有了12和13两个空缺。没关系，何生，我猜想这些问题都是相互有联系的。让我看看……有了，

$$32 = \left\lfloor \sqrt{\sqrt{\sqrt{15!}}} \right\rfloor$$

而我们已经能用两个1来表述15了。接下来，

$$12=\sqrt{\sqrt{\sqrt{\sqrt{\sqrt{\sqrt{32!}}}}}}$$

$$13=\sqrt{\sqrt{\sqrt{\sqrt{\sqrt{\sqrt{32!}}}}}}$$

进一步地，我们有

$$16=\sqrt{\sqrt{\sqrt{13!}}}$$

$$17=\sqrt{\sqrt{\sqrt{13!}}}$$

最后我们得到

$$7=\sqrt{\sqrt{\sqrt{\sqrt{16!}}}}$$

于是我们非常完美地解决了这个问题。现在，让我们把整个过程中用到的数依次加以替换，最终得到

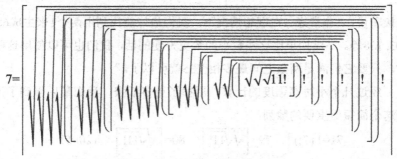

对于没能马上找到这个答案我真是感到惭愧。"

"这是**最简单**的表达方法了吗，夏尔摩斯？"我咽了咽口水，说道，"希望不是如此！"

"我不知道。也许有更聪明的人能找到更好的办法。这事儿说不准。我想如果有人能做得比我们更好，他大概会发电报告诉我们吧。"

"不管怎样，"我说，"如果我们现在用两个1表述出n，那么我们就能将表达范围扩大到从$n-17$到$n+17$。"

"没错，何生。现在，我们的工作要变得简单了。我们只需找到一个数列，其中相邻的两个元素相差不大于35，这样它们的前后范围就能衔接或重叠。这使得我们可以最大达到，这些数中最大的那个再加上17。"

"这意味着——"我刚要开始——

"意味着我们应该**系统化**！"

"对极了。"

"我们刚刚算到了……提醒我一下，何生。翻翻你的那些笔记。"

我埋头在纸堆里找了会儿，最后在一件黄鼠狼标本下找到了它。"如果算上早前你在找7的表达式过程中随口提到的数，最大的我们已经达到32了，夏尔摩斯。"

"接下来，当然，

$$33=\left\lceil \sqrt{\sqrt{\sqrt{15!}}} \right\rceil$$ "

他接着说，"非常好。在理想情况下，我们最好能找到用两个1来生成68，103, 138等。不过如果比这些数小的数更方便的话，我们也可以使用这些数，只要它们满足两数之间最多相差35就可以了。"

经过几个小时高强度的计算，用掉了更多纸张，我们最后得到了下面这个简短但重要的数列：

$$71=\left\lceil (7!) \right\rceil \quad 79=\left\lfloor \sqrt{\sqrt{11!}} \right\rfloor \quad 80=\left\lceil \sqrt{\sqrt{11!}} \right\rceil \quad 120=5!$$

但找不到更多了。

"也许我之前说不用双阶乘是太草率了，何生。"

"很有可能，夏尔摩斯。"

夏尔摩斯点了点头，写下

$$105=7!!$$

随后，他又来了一阵灵感，继续写下

$$19=\left\lfloor \sqrt{8!!} \right\rfloor$$
$$20=\left\lceil \sqrt{8!!} \right\rceil$$

"如果我们能找到方法用两个1凑出18，那么我们就可以把由两个1表示的整数n的范围再扩大一些：我们可以覆盖从$n-20$到$n+20$。"他喘了口气，接着说，"要是找不到的话，唯一的两个缺口是$n-18$和$n+18$，或许我们可以想别的方法解决它们。"

"我想是时候我们该回顾梳理一下。"我仔细阅读着我们的笔记，说道，"看起来我们可以用两个1表示从1到33的所有数。接下来

$$43=\left\lfloor \sqrt{\sqrt{10!}} \right\rfloor$$
$$44=\left\lceil \sqrt{\sqrt{10!}} \right\rceil$$

只需要两个1，所以我们马上把从26到61之间的数的表达式也找到了。在62有一个缺口（因为它是44+18，而我们还没找到方法用两个1凑出18），但我们能凑出63和64。而基于80，现在我们又能将范围扩大到97。接下来，98暂时没办法，但99和100可以做到。"

"事实上，这几个数的表达式更简单。"夏尔摩斯说。

$$99=11/.\dot{1}\times1$$
$$100=1/(.1\times.1)$$
$$101=1/(.1\times.1)+1$$

"所以，我们一直到了100，"我说，"除了62和98。"

"但98可以由105得到，其他直到122的数也是如此。"夏尔摩斯补充道。

"噢，我忘记刚刚用两个1就凑出105来了。"

"由于120=5!，这也可以由两个1表示，所以我们最大可以到137。事实上，我们还能凑出139和140。"

"所以140以内的整数，我们只有62和138两个缺口。"我说。

"确实如此，"夏尔摩斯说，"但我想知道这几个缺口是不是可以用别的方法补上？"

在不使用夏尔摩斯和何生没用过的运算符的前提下，你能找到用四个1表达62和138的方法吗？详解参见第279页。

夏尔摩斯和华生的讨论还没结束。不过已经接近尾声了：大结局请见第124页。

计程车数

斯里尼瓦瑟·拉马努金

斯里尼瓦瑟·拉马努金是一位自学成才的印度数学家，有着神奇的公式天赋——那些公式通常看上去非常奇怪，但又蕴含着独特的美。1914年，剑桥大学数学家戈弗雷·哈罗德·哈代和约翰·埃登瑟·李特尔伍德把他带到了英国。1919年，他患上肺部绝症，并于1920年在印度病逝。哈代曾写道：

记得有一次我去普特尼探望他，当时他已卧病在床。那天，我乘坐的计程车车牌是1729，我便跟他提起，这个数非常普通，希望这不是个凶兆。"不，"他对我说，"这是个非常有趣的数，是可以用两种不同方式表示成两个［正］立方数之和的最小的数。

这个现象

$$1729=1^3+12^3=9^3+10^3$$

最早由伯纳德·弗雷尼克勒·德贝西在1657年发现。如果允许负立方数的话，最小的这种数是

$$1=6^3+(-5)^3=4^3+3^3$$

数论学家将这个概念一般化。n阶计程车数$Ta(n)$，是指可以用n种或更多种不同方式表示成两个正立方数之和的最小的数。

1938年，哈代和E.M.赖特证明了，存在这样的数，使得它可以用任意多种不同的方法表示成两个正立方数之和，所以对于所有n，$Ta(n)$都存在。不过，迄今为止人们只发现了前六个：

$$Ta(1) = 2 = 1^3 + 1^3$$

$$Ta(2) = 1729 = 1^3 + 12^3 = 9^3 + 10^3$$

$$Ta(3) = 87539319 = 167^3 + 436^3 = 228^3 + 423^3 = 255^3 + 414^3$$

$$Ta(4) = 6963472309248$$
$$= 2421^3 + 19083^3 = 5436^3 + 18948^3$$
$$= 10200^3 + 18072^3 = 13322^3 + 166308^3$$

$$Ta(5) = 48988659276962496$$
$$= 38787^3 + 365757^3 = 107839^3 + 362753^3$$
$$= 205292^3 + 342952^3 = 221424^3 + 336588^3$$
$$= 231518^3 + 331954^3$$

$$Ta(6) = 24153319581254312065344$$
$$= 582162^3 + 28906206^3 = 3064173^3 + 28894803^3$$
$$= 8519281^3 + 28657487^3 = 16218068^3 + 27093208^3$$
$$= 17492496^3 + 26590452^3 = 18289922^3 + 26224366^3$$

　　Ta(3)由约翰·利奇于1957年发现。*Ta*(4)由E.罗森斯蒂尔、J.A.达迪斯和C.R.罗森斯蒂尔于1991年发现。*Ta*(5)由J.A.达迪斯于1994年发现，并由戴维·威尔逊于1999年确认。2003年，C.S.卡卢德、E.卡卢德和M.J.丁南宣称上面列出的数可能是*Ta*(6)；随后2008年，乌韦·霍勒巴赫发表了一个证明。

平移的波

约翰·斯科特·罗素

在马背上做数学研究？

　　为什么不可以呢？灵感随时随地都会出现。你没有什么选择的余地。

　　1834年，苏格兰土木工程及舰船设计师约翰·斯科特·罗素在运河边骑马时，发现了一个有趣的现象：

　　　　我在观察被一双马拖动而在狭窄的河道中快速进行的船的运动；当船突然停下时，之前在河道中被船推动的水不会跟着停下；水会汹涌地在船头聚集起来，随后离开船头，径自快速

翻滚着往前流去，形成一团圆圆的、表面光滑且轮廓分明的单
个水波，保持着最初生成时的形状和速度，沿着河道往前移动。
我骑着马跟着它，水波以每小时8至9英里的速度前移，维持着
最初30英尺长、1至1.5英尺高的形状。波的高度在移动中一点
点地变低，在大概跟了1至2英里之后，水波消失在了河道的弯
处。1834年8月，我第一次看到这个美丽的现象，并将之称为平
移的波。

他被这个现象迷住了，因为一般而言，单个水波会在运动过程中扩散开
来，或在岸边破碎成朵朵浪花。他在家里做了一个造浪水箱，并展开了
一系列实验。实验表明，这种类型的水波很稳定，能维持形状移动很长
一段距离。不同大小的这种类型的波会有不同的速度。如果后面的波追
上前面的，在经过一系列复杂的相互作用后，它们会合在一起继续前行。
一个较大的这样的波如果经过浅水水域，会被分成一个中等的和一个小
的波。

这些发现困扰了当时的物理学家，因为以当时对流体的理解无法解
释这个现象。事实上，当时杰出的天文学家乔治·艾里和流体动力学权
威乔治·斯托克斯甚至不太相信有这样的波存在。如今，我们知道罗素
是对的。在适当情况下，非线性效应（这个概念超出了那时候数学家们
的认知）可以抵消水波由于其速度取决于频率而导致的扩散开来的倾向。
1870年左右，瑞利勋爵和约瑟夫·布西内斯克最先理解了这种效应。

1895年，迪德里克·科特韦格和古斯塔夫·德弗里斯提出了科特韦
格-德弗里斯方程（KdV方程）。该方程涵盖了这种效应，存在孤立波解。
由于其他数理物理方程也可以推导出类似的结果，这类现象便被赋予了
一个新的名称：孤立子。一系列的重大发现促使彼得·拉克斯提出了方
程存在孤立子解的一般条件。这在数学上大不同于浅水波波形叠加（比

如池塘中两组相互交叠的涟漪）的方式，后者是波动方程的数学形式的一个直接结果。类似孤立子的现象可见于许多科学领域，从DNA到光纤通信。这进而引出了一系列新现象名称，比如呼吸子、正扭以及振荡子。

相关的还有一个正在探索中的有趣概念。量子力学中的基本粒子结合了两种看上去完全不同的特性。像其他大多数量子层面的东西，它们是波，但它们结合在一起整体上看又像粒子。物理学家长久以来试图找到既遵循量子力学框架，但又存在孤立子解的方程。他们目前为止最接近的成果是一个存在瞬子解的方程：瞬子可被解释为一种只有很短寿命的粒子，瞬间从无中生成，转瞬又消失不见。这可被用来解释神秘的量子隧穿效应。

沙之谜

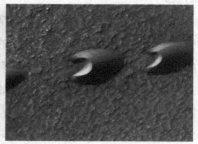

新月形沙丘（左图：秘鲁帕拉卡斯国家公园；右图：火星侦察轨道器拍摄的赫勒斯庞塔斯区域）

沙漠中的沙丘形态各异：线性的、横切的、抛物线的……其中最有趣的形态之一就是新月形沙丘。这个名称最早在1881年由俄国博物学家亚历山大·冯·米登多夫引入地质学。新月形沙丘可以在埃及、纳米比亚、秘鲁……甚至火星上见到。它们的形状如月牙一般，有一定的大小，并且会**移动**。它们成片出现，有时分开，有时又相互作用后合在一起。近些年来，数学建模模拟了大量关于它们形状和变化的情况，但仍然有很多未解之谜。

沙丘是在风和沙粒的相互作用下形成的。新月形沙丘饱满的部分面向盛行风，沙粒被风吹着沿迎风坡和两翼而上。在沙丘顶部，沙粒往下滑落到两翼之间的背风坡。在两翼之间的区域，气流循环翻滚，称为分离气流。

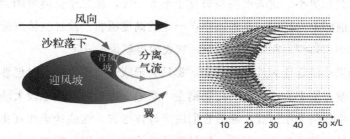

左图：新月形沙丘和分离气流示意图；右图：芭芭拉·霍瓦特通过一个数学模型模拟出的沙粒运动

新月形沙丘表现得有点像孤立子（参见前一篇），尽管从技术上说，它们在某些方面有所不同。当风对着它们吹时，小沙丘移动的速度比大的快。如果小沙丘追上大沙丘，它们就合并到一起，但经过一段时间之后，大小沙丘会重新分开。小沙丘继续不断前行，跑得比后面的庞然大物更快。

韦特·施万梅尔和汉斯·赫尔曼在他们的论文中论述了新月形沙丘与孤立子之间的异同。下图展示了大小相仿的两个沙丘相遇时的情况。一开始，较小的沙丘在较大沙丘的后面(a)，但它的移动速度略快。然后，它追上了较大的沙丘(b)，并开始沿着迎风坡往上爬，但有一部分被困住了(c)。最后，有一部分分离出来，形成了一个新的小沙丘(d)。

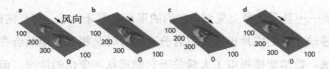

由维特·施万梅尔和汉斯·赫尔曼模拟的一大一小两个沙丘
相遇的情形：(a)起始时刻，小沙丘在大沙丘后面；(b)0.48
年以后，小沙丘追上大沙丘并开始合并；(c)0.63年以后，两
个沙丘混合在一起；(d)1.42年以后，小沙丘走到了大沙丘前

对于有些高度组合，新出现的沙丘要比原先较小的沙丘还要大些，其他时候则更小。这表现得与孤立子不太一样，孤立子分离时的大小与相遇之前的是一样的。不过，存在一定的高度组合，沙丘会恰好维持它们的大小和体积。在这些情形下，它表现得就像孤立子。

如果小沙丘比大沙丘小很多，那只会形成一个更大的新月形沙丘。如果高度差别不大，它们的相遇则会"繁殖"出新沙丘：在较大沙丘的两翼会出现两个小沙丘，随后它们脱离母体远去。这些情形在真实的新月形沙丘中都会见到。因此，新月形沙丘的动力学要比常规孤立子的行为丰富得多。

因纽特人的 π

——为什么在北极π只有3？
——因为所有东西热胀冷缩。

一签名：大结局

"好吧，这事情会很麻烦。"我咕哝着。

"我觉得这只是小菜一碟。"夏尔摩斯说着，从坛子里拿出酸菜津津有味地吃了起来。

我把酸菜和酸菜缸一起放回了食品柜。

"我们有个办法，"夏尔摩斯说，"只用一个1就能得到乘数3、9或10。只要用 $\sqrt{.i}$ 、.i 或.1去除就可以了。"

"那我有办法了！"我叫道，

$$"62=63-1=7\times9-1=7/.i-1$$

再回想一下，我们可以只用两个1就得到7——事实上，至少有两种不同方法。"

"现在只有138还没解决了。"

"它是3×46，"我沉思道，"我们能只用三个1凑出46吗？能的话，然后只要像你之前说的，除以 $\sqrt{.i}$ 就可以了。"

经过系统地尝试对阶乘的多重平方根进行向上取整和向下取整，我们得到了一个意想不到的发现：只需用**两个**1就能得到46。下面我只说答案：反正在整个发现过程，我们遇到过很多死胡同和失败。先用两个1来表述7，

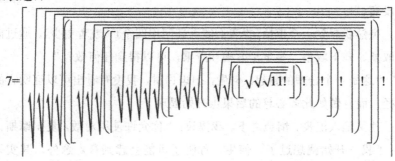

接下来注意到

$$70 = \lfloor \sqrt{7!} \rfloor$$

$$37 = \lfloor \sqrt{\sqrt{\sqrt{\sqrt{\sqrt{\sqrt{70!}}}}}} \rfloor$$

$$23 = \lfloor \sqrt{\sqrt{\sqrt{\sqrt{\sqrt{37!}}}}} \rfloor$$

$$26 = \lfloor \sqrt{\sqrt{\sqrt{\sqrt{23!}}}} \rfloor$$

$$46 = \lfloor \sqrt{\sqrt{\sqrt{\sqrt{26!}}}} \rfloor$$

$$138 = 46 / \sqrt{.\overline{1}}$$

最后回过头依次替换算式中的数，表示138一共只用了三个1。

"我该把它完整写出来吗，夏尔摩斯？"

"当然不！如果有人想看完整的式子，他们可以自己写出来。"

受到这意料之外的成功的激励，我跃跃欲试，想把数继续写下去。但夏尔摩斯只是耸了耸肩，说道："继续计算对这个问题也许有帮助。也许没有。"

突然我想到一个事情。"我们能否证明用四个1（或者更少），通过向上取整、向下取整、多重平方根和阶乘，可以得到任何数？"

"这是一个合理的猜想，何生，但坦白讲，我没有看出可以证明它的途径，而且做如此多心算的后果也开始显现了。"

他又陷入沮丧。情急之下，我提议："你允许使用对数，夏尔摩斯。"

"我一开始就想过了，何生。你听了可能会感到有点意外，其实只要对指数函数取对数，再加上向上取整，我们只用**一个**1就能得到**任意整数**。"

"不，不，我只是说用对数作为辅助计算方法，不是用它做公式——"

但夏尔摩斯没有表示。

"回忆一下，指数函数是

$$\exp(x)=e^x，其中 e=2.718\,28\ldots$$

它的反函数是自然对数

$$\log(x)=任何满足 \exp(y)=x 的 y$$

是这样的吧，何生？"我表示据我所知是这样的。

"因此，我们只需注意到

$$n+1=\lceil \log(\lceil \exp(n)\rceil)\rceil$$

而它的证明很简单。"

我一脸茫然，费了好大劲才嘟囔出"的确如此，夏尔摩斯"。

"然后我们可以做迭代：

$$1=1$$
$$2=\lceil \log(\lceil \exp(1)\rceil)\rceil$$
$$3=\lceil \log(\lceil \exp(\lceil \log(\lceil \exp(1)\rceil)\rceil)\rceil)\rceil$$
$$4=\lceil \log(\lceil \exp(\lceil \log(\lceil \exp(\lceil \log(\lceil \exp(1)\rceil)\rceil)\rceil)\rceil)\rceil)\rceil$$

如此等等。"

我赶忙抓住他正在写字的手。"没错，夏尔摩斯，我明白了。这是皮亚诺方法的一种简单变种。我们之前曾拒绝采用这种方法，因为这太平凡了。"

"所以如果允许使用指数和对数的话，游戏结束。"

我不无忧伤地表示同意。随后，他拿起单簧管，吹起了某位东欧不知名作曲家的无旋律无调性作品。那声音听起来就像是只受伤的猫——而且还是只五音不全的破嗓子猫。

现在，他的阴郁心情真的是无法改变了。

《一签名》到此结束。

不过我还没告诉你什么是子阶乘。那会在下面的文章中提到。

完全错位

现在让我们聊聊子阶乘。假设有 n 个人，每个人都有一项自己的帽子。他们都随手拿起一顶戴在头上。会有多少种每个人都没戴上自己帽子的情形？这种分配方式被称为**错排**。

举个例子，如果有亚历山德拉、贝丝妮和夏洛特三人，他们的帽子有六种分配方式：

ABC ACB BAC BCA CAB CBA

对于 ABC 和 ACB，亚历山德拉戴上了她自己的帽子，所以这不是错排。对于 BAC，夏洛特戴上了她自己的帽子。对于 CBA，贝丝妮戴上了她自己的帽子。所以只有两种错排：BCA 和 CAB。

如果有四个人（假设迪德莉也加入了她们），一共会有 24 种排列：

~~ABCD~~ ~~ABDC~~ ~~ACBD~~ ~~ACDB~~ ~~ADBC~~ ~~ADCB~~
~~BACD~~ BADC ~~BCAD~~ BCDA BDAC ~~BDCA~~
~~CABD~~ CADB ~~CBAD~~ ~~CBDA~~ CDAB CDBA
DABC ~~DACB~~ ~~DBAC~~ ~~DBCA~~ DCAB DCBA

其中 15 种排列（已划去），是有人戴上了自己的帽子。（将所有第一个字母是 A、第二个字母是 B、第三个字母是 C 或第四个字母是 D 的情况划去。）所以对四个人而言，一共有九种错排。

n 个对象的错排数目称为子阶乘（记作 $!n$ 或者 n_i）。它有很多种定义方式。最简单的一种很可能是

$$!n = \left\lfloor \frac{n!}{e} + \frac{1}{2} \right\rfloor$$

开始的几个子阶乘结果如下：

$!1=0$ $!2=1$ $!3=2$ $!4=9$ $!5=44$ $!6=265$
$!7=1854$ $!8=14\,833$ $!9=133\,496$ $!10=1\,334\,961$

抛公平硬币并不公平

抛硬币

公平硬币是概率论里的常见工具。被抛掷后，它落地时正面或背面朝上的概率基本相当，因而被一般认为是随机性的典型代表。而另一方面，我们可以将一枚硬币建模为一个简单的机械系统，因此它的运动情况完全取决于它在被抛掷时的初始条件——主要是它的垂直速度、初始的翻转速率以及翻转轴。这使得硬币的运动毫无随机性可言。那么抛硬币的随机性从何而来？这一点将在我讨论完相关发现之后再回过头来看。

佩尔西·迪亚科尼斯、苏珊·霍姆斯和理查德·蒙哥玛利表明了抛公平硬币其实并不"公平"，其中存在一个微小但确定的偏差：被抛掷后，硬币落地时的面向略微更有可能与它在你拇指上的初始面向相同。事实上，这个概率大约是51%。他们的分析假设硬币落地时不会再弹起来（这适用于落在草地上或被手抓住的情况，但如果是掉在木制桌面上就不好这样假设了）。

只有在经过大约250 000次抛掷后，51%的偏差才具有统计显著性。之所以会出现这个偏差，可能是因为硬币的翻转轴可能并不水平。举一个极端例子，假设硬币的翻转轴与其表面垂直，那么硬币在翻转时总是保持水平，就像制陶用的陶轮。在这种情况下，硬币落地时的面向将始终与开始时的面向一样，百分百不会翻面。在另一种极端的情况下，翻转轴是水平的，硬币将不停地翻转。这时尽管在理论上，硬币的最终状态是由刚离手时的向上速度和翻转速率决定的，但决定这些因素时的微小误差使得硬币落地时，只有50%的概率面向与初始面向一样。因此，这种情况下的抛掷，硬币作为机械系统本来确定的状态由于初始状态中的微小差别而变得随机化了。

一般而言，翻转轴不会是上述两种极端情况，而是会介于两者之间，并接近于水平。所以存在一个微小的倾向于与初始面向一样的偏差，具体计算后可得51%这一数值。用一台抛硬币机器做的实验，也验证了这个数值相当合理。

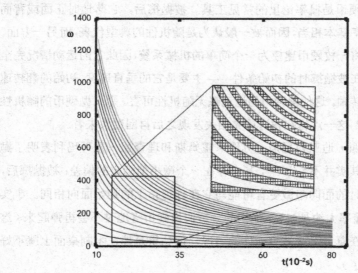

当翻转轴是水平时，硬币落地时的面向（白条为正面向上，灰条为背面向上）与初始翻转速率（纵轴）和滞空时间（横轴）的关系（当初始翻转速率很快时，代表正面或背面向上的条纹变得非常密集）

在实践中，抛一枚真正的硬币是随机的，却不是出于以上这些原因。它之所以是随机，是因为硬币在拇指上的初始面向是随机的。长期来看，开始时硬币有一半时候正面向上放，另一半时候背面向上放。这消除了51%的偏差，因为抛硬币时的初始状态是未知的。

更多信息参见第280页。

通过邮寄玩扑克

爱丽丝和鲍勃（密码交换中的两位常客）想玩扑克，具体说，五张牌的梭哈。但爱丽丝在澳大利亚的爱丽丝泉，而鲍勃在英国斯塔福德郡的鲍勃顿。他们能通过彼此邮寄扑克牌来玩牌吗？这里的主要问题是**发牌**，也就是怎样将"一手"五张牌发到他们手里。如何能让两个人都确信自己手里的牌均源自同一副牌，并确保对手不知道自己拿了什么呢？

如果鲍勃只是邮寄了五张牌给爱丽丝，她并不能肯定鲍勃一定没有看过这几张牌；此外，爱丽丝也无法确定，当鲍勃从自己手里亮出牌时，是不是他手里真的就只有五张牌，又或者是不是他可以利用余下的牌堆，而只是假装手里还是游戏开始时发的一手五张牌。

如果寄来的是这样一手牌，你几乎可以肯定庄家没有要诈。
但绝大多数情况下，你怎么才能确信这点呢？

出人意料的是，其实有可能通过邮寄、电话或互联网来玩牌，并保证对方没有耍诈。爱丽丝和鲍勃可以利用数论创立密码，并使用一系列复杂的交换程序。这种方法被称为零知识协议，借此可以让他人确信你具备特定某个知识，而**不必告诉他们这个知识是什么**。比如，利用这种方法，你可以让网上银行确信你知道自己信用卡背面的验证码，而不必告诉任它任何关于验证码本身的信息。

酒店经常会把顾客的贵重物品存放在前台的保险箱中。为了确保安全，每个箱子都有两把钥匙：一把在酒店经理手里，另一把则留给顾客自己。**两把钥匙齐备才能打开箱子**。爱丽丝和鲍勃可以使用类似的思路。

(1) 爱丽丝在52个保险箱里各放一张牌，用只有她自己知道密码的锁把箱子锁上。随后她把所有箱子寄给鲍勃。

(2) 鲍勃（他无法打开箱子来看里面放的是哪张牌）选出五个箱子后，把它们寄还给爱丽丝。爱丽丝解锁箱子，取出属于自己的五张牌。

(3) 鲍勃再选出五个箱子，同时在每个箱子上再装一把锁。他知道这把新锁的密码，但爱丽丝并不知道。随后他把这些箱子寄给爱丽丝。

(4) 爱丽丝从五个箱子上去掉她的锁后，将箱子寄还给鲍勃。最后，鲍勃打开箱子取出自己的五张牌。

经过这一系列准备工作后，游戏就可以开始了。后续的牌可以通过邮寄发给每位选手。为了证明没人耍诈，他们可以在游戏结束后将所有箱子打开，进行检验。

爱丽丝和鲍勃把这个思路的关键提取出来，转化为数学表达。他们用一个由52个数组成的集合来表示扑克牌。爱丽丝的锁对应密码A，它只有爱丽丝知道。A是一个函数、一个数学规则，将扑克牌对应的数c转化为Ac。（这里我没有使用$A(c)$的写法，为了的是避免在下面产生"复合"函数的误会。）爱丽丝也知道反密码A^{-1}，它能将Ac解码回c。也就是说，

$$A^{-1}Ac=c$$

鲍勃不知道A和A^{-1}。

类似地，鲍勃的锁对应于密码B和B^{-1}，它们只有鲍勃知道，并有

$$B^{-1}Bc=c$$

经过这些准备之后，前面的交换程序可以重新描述如下。

(1) 爱丽丝将52个数$Ac_1, \ldots, Ac_{52}$发送给鲍勃。他不知道这些数分别代表了哪些牌；事实上，爱丽丝已经洗过了牌。

(2) 鲍勃"发"五张牌给爱丽丝、五张牌给自己。他把爱丽丝的牌直接寄还给她。为了简化记法，我们只考虑其中一张牌，记为Ac。爱丽丝通过A^{-1}将c还原出来，知道了手里的牌是什么。

(3) 鲍勃想知道自己手里的五张牌是什么，但现在只有爱丽丝能解读它们。他不能直接把他的牌寄给爱丽丝，因为这样的话，她就会知道他拿的是什么牌。因此，他将手里的每张牌Ad，用B加密，得到BAd，并把它们寄给爱丽丝。

(4) 爱丽丝通过A^{-1}来"去掉她的锁"，但这里有点小麻烦：结果是

$$A^{-1}BAd$$

在普通的代数中，我们可以将A^{-1}和B交换，得到

$$BA^{-1}Ad$$

进而得到

$$Bd$$

这样爱丽丝可以将它们寄还给鲍勃，鲍勃通过B^{-1}最终得到d。

然而，函数是不能这样交换的。比如，如果$Ac=c+1$（因此$A^{-1}c=c-1$）以及$Bc=c^2$，则有

$$A^{-1}Bc=Bc-1=c^2-1$$

以及

$$BA^{-1}c=(A^{-1}c)^2=(c-1)^2=c^2-2c+1$$

它们是**不同的**。

绕过这个问题的方法是避免使用这类的函数，而是特意选取密码，使得$A^{-1}B=BA^{-1}$。这种情况下，A和B被称为是**可交换的**，因为只需一点代数技巧就能将它转化为等价的$AB=BA$。注意到在实体锁的方法中，爱丽丝和鲍勃的锁确实是可交换的。不论上锁的次序如何，结果都是一样的：箱子上有两把锁。

如果爱丽丝和鲍勃能找到两个可交换的密码A和B，使得解密算法A^{-1}只有爱丽丝知道，B^{-1}只有鲍勃知道，那么他们就能通过邮寄来玩扑克了。

爱丽丝和鲍勃于是选定一个大质数p，p是可以公开的。他们用52个数$c_1, ..., c_{52} \pmod p$来代表扑克牌。

爱丽丝在1到$p-2$之间选取一个数a，并定义她的密码函数A为

$$Ac=c^a \pmod p$$

运用基本的数论知识，可知它的反（解密）函数为

$$A^{-1}c=c^{a'} \pmod p$$

这里a'是她能通过计算得到的。爱丽丝保持a和a'秘而不宣。

类似地，鲍勃选取一个数b，并定义他的密码算法B为

$$Bc=c^b \pmod p$$

它的反函数为

$$B^{-1}c=c^{b'} \pmod p$$

b'也能通过计算得到。鲍勃保持b和b'秘而不宣。

这里密码函数A和B是可交换的，因为

$$ABc=A(c^b)=(c^b)^a=c^{ba}=c^{ab}=(c^a)^b=B(c^a)=BAc$$

其中所有的式子都是$\pmod p$的。因此，爱丽丝和鲍勃可以使用上面给出的函数A和B。

排除不可能 🔍

"何生！"

"嗯——我不太确定，夏尔摩斯。你刚才是问我，出什么事了？"

"我是在叫你名字呢，伙计，不是在问问题！我跟你说了多少回了，不要把《海滨》杂志带进这间屋子！"

"不过——你怎么——"

"你知道我是怎么知道的。你刚刚在用手指不耐烦地轻叩，这个动作是你在等我出门时做的。而且你的眼睛不停地瞟着衣服口袋里的那卷报纸。尽管那卷报纸的封面是《每日通讯》，但它太厚了，所以里面一定藏了一份杂志。由于你向来只对我遮掩一件事，所以里面是什么也就不言而喻了。"

"不好意思，夏尔摩斯。我只是想从住在我们街对面那位——呃——假行家的搭档的作品中借鉴一些侦探手法。"

"呸！那个骗子！他只不过是个自诩为侦探的江湖骗子！"

有时候，夏尔摩斯会很自大。确实，现在回想起来，他少有不自大的时候。"我偶尔会从对手那些乏味的文字中学到些有用的东西，夏尔摩斯。"我反驳道。

"比如说？"他问道，语气中略带挑衅。

"我对他的一个论点印象很深：'当你排除了不可能的情况后，剩下的，不管有多不可能，必定是——'"

"——错误。"夏尔摩斯非常不礼貌地打断了我，"如果剩下的也实际上是不可能的话，那么你几乎可以确定，在宣称其他解释都是不可能的时候已经作出了一些隐含的假定。"

夏尔摩斯并没有说话前后一致的优点。"好吧，也许是这样，但是——"

"没有什么但是，何生！"

"但是有些时候，你也同意——"

"呸！现实并不是不可能发生的，何生。它可能看上去如此，但它的概率其实是100%，**因为它已经发生了。**"

"确实，从技术上说，但是——"

"举个例子吧。今天早上，何生，当你出门买那份垃圾货的时候，我接待了一位不速之客——莽撞公爵。"

"伦敦人都对他交口称赞，"我说，"他是一位真正正直的贵族，是我们每个人的表率。"

"没错。不过他告诉我……这样说吧，某天，在莽撞公爵府邸举办的一次晚宴上，唠叨伯爵打算娱乐一下宾客们。他把十只酒杯一字排开，然后在前五只里面倒满了酒——就像这样。"他拿出我们自己的酒杯，在杯里斟满了相当酸的马德拉葡萄酒——这酒我们本打算要扔掉。"然后他给宾客们出了个题，要求重新摆放杯子，使得它们一只满一只空地隔开。"

"可这很简单啊。"我说道。

"如果你移动四只杯子，那当然简单。只要把第二和第七只交换，把第四和第九只交换就可以了。就像这样。"——见下图——"不过，伯爵要求只能动两只杯子，就达到相同的结果。"

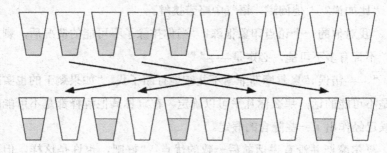

通过移动四只杯子来解决问题

我五指相抵，摆出认真思考的样子。过了一会儿，我画出一张酒杯原始排列和最终排列的示意图。"但是，夏尔摩斯：你前面提到的四只酒杯最后都在不同位置了！所以一定需要移动四只！"

他点了点头。"那么，何生，你现在已经排除了所有不可能。"

"天啊，是的，夏尔摩斯！毫无疑问。"

他把烟草卷进烟纸中，继续说道："好吧，如果我告诉你根据莽撞公爵的回忆，在所有宾客们也觉得这是不可能的之后，唠叨伯爵表演了他的做法，你会有什么想法呢？"

"我——呃——"

"你将不得不认为那位令人尊敬的公爵、大不列颠王国的贵胄、有着崇高声誉的绅士……是一个不折不扣的骗子，因为你之前已经证明了，不存在这样的移动方法。"

我一脸失望。"看上去确实——等等，不对，或许**你**没有告诉我——"

"我亲爱的医生，我承认，我有时没有和盘托出（但都是为了你的好），不过这次没有。我向你保证。"

"那么……我对公爵的说法感到吃惊。"

"拜托，何生，对英国人的品性要有信心。"

"那是伯爵耍诈了？"

"不，不，不。不是这回事。你再仔细想想。有可能存在一种直截了当的办法，而你忽视了。事实上，我敢打赌，在听到答案后，你马上会说这太简单了。"

接着夏尔摩斯告诉了我唠叨伯爵是怎么做到的。

"嗨，这太简——"我刚要说，但立马把话咽了回去。不得不承认，当时我羞得满脸通红。

唠叨伯爵用的是什么办法呢？详解参见第280页。

ᑐᑐᑐ 贻贝的力量 ᑐᑐᑐ

　　这是一幅田园诗般的海滨场景：静静的海湾里，浪花拍打着礁石，而礁石上布满了一簇簇的贝类和海藻。但在那些看似安静不动的贻贝聚生地里面，其实是一片繁忙景象。为了能看到这片景象，你得让时间快进。通过慢速摄影机，我们发现，这些贻贝其实一直在运动。它们的脚上会分泌一种特别的细丝，将自己牢牢地粘在岩石上。贻贝在脱离一些细丝的同时，会在其他地方再分泌一些新的，从而达到在岩石上移动位置的目的。一方面，它们喜欢聚集在一起，因为这样的话它们就没那么容易被波浪从石头上冲走。但另一方面，如果周围没有其他贻贝与自己竞争，它们就能获得更多的食物。面对这样左右为难的困境，和其他聪明的生物体一样，它们也采取了折中主义——它们排列成了有很多紧邻的邻居但少有较远的邻居的样子。也就是说，它们聚集成片。你可以通过肉眼观察到贻贝聚成的一片片，但至于这是如何形成的，人们一直不清楚。

丛生的蓝贻贝

2011年，莫妮克·德雅格等人应用随机漫步理论去推演贻贝的聚集策略可能会如何演化。随机漫步经常被比作一个酒鬼走路：时而向前，时而向后，没有明确的模式。如果提升一个维度，在平面上的随机漫步就是一系列的步伐，这些步伐的步长和方向的选择都是随机的。不同的选择规律（步长和方向的不同概率分布）会产生具有不同特征的随机漫步。对于布朗运动来说，步长表现出钟形的概率分布，靠近一个特定的平均步长。而对于莱维漫步而言，迈出一步的概率与步长的某个固定幂次方成比例，因此很多步短小的步伐之后偶尔会出现一步长得多的步伐。

对贻贝移动步长的统计分析表明，贻贝在潮间带泥滩的行为符合莱维漫步，而非布朗运动。这也与生态学模型的结果一致。这些模型表明，在数学上莱维漫步能让贻贝扩散得更快，开辟出更多新的聚集地，并避免与其他贝类的竞争。这也反过来说明了，为什么贻贝会演化出这种策略。自然选择在移动策略与决定这种策略的基因之间建立了一个反馈环。个体的贻贝如果采用了能提高获取食物的机会并减少被浪冲走的可能的策略，那么它们就更有可能存活下来。

德雅格的团队使用了贻贝的田野观察数据以及根据演化的数学模型所做的模拟。模拟结果表明，莱维漫步有可能由于这种种群级别的反馈而演化出来，并且要使得这种策略在演化上是稳定的（也就是说，它不容易被采取了其他策略的种群打败），这个幂次应该是2。而田野观察数据显示，这个值为2.06。

在这里，贻贝聚生地的一个新颖之处在于，个体贻贝的移动策略的有效性有赖于所有其他贻贝的行为。每只贻贝所遵循的策略是由它自身的基因决定的，但这种策略的生存价值则有赖于整个当地种群的集体行为。所以在这里我们看到了环境（体现为其他贻贝）如何与个体的基因"选择"互动，从而生成种群级别的模式。

更多信息参见第280页。

证明地球是圆的

我们中绝大多数人都知道我们所在的星球是圆的——它不是个标准的球体，而是在两极略扁。而如果你将它与标准的椭球相比，并将两者之间的高低错落放大约一万倍，那它坑坑洼洼得就像一枚土豆。但有一些（很少一些）老顽固仍然认为世界是平的，尽管古希腊人早在2500年前就收罗了大量表明地球是圆的证据（甚至足以说服后来中世纪的神职人员），而且从那以后更多的证明在不断出现。相信地球是平的人曾经已经几乎绝迹，但大约在1883年，随着探究学会的创立，它一度死灰复燃。1956年，该组织改名地平说学会，并活动至今。你可以在网上找到其官网，并在Facebook和Twitter上关注它。

其实如果通常的欧几里得几何成立，你可以通过一种简单易懂的方法来验证我们的星球不可能是平的。该方法只需要能上网或有一家宽宏大量的旅行社，而不需要其他特别的仪器，并且上网不是为了从维基百科上查地球的形状。这种方法本身并没有表明地球是圆的，但通过仔细、系统的推导，便能从中得到这个结论。我会在稍后讨论各种试图反驳它的论调。我并没有宣称它是无可辩驳的——对于一位地平说支持者来说，他总是能找到借口。但在这个论证中，通常的反驳论调会显得更没有说服力。不论如何，这个论证在通常的地圆说科学证据之外带来了些许新意。

我所想的不是那些上面有一个圆形星球的卫星照片——那些毫无疑问是伪造的。众所周知，美国国家航空航天局（NASA）从未到过月球，那都是在好莱坞摄影棚里摆拍的，已被证明是假的，这里也是同样道理。基于科学测量的所谓证据也是如此：这些科学家都是出了名的爱搞恶作剧的家伙，他们甚至自称相信演化和全球变暖，这两点都是左翼分子为了不让生活正派、正直无私的人根据天赋的权利发大财而想出来的阴谋。

不，我脑子里想的是商业上的证据：航班的飞行时间。你可以在网上查询到这些信息，但要确保你使用的是确实存在的航班，而不是已经假定地球是圆的飞行时间计算器。

出于商业上的原因，所有大型客机的飞行速度都基本一样。如果有快慢之分，那些飞得慢的航空公司的生意就都会被那些飞得快的公司抢走。也出于同样的原因，在遵循各项当地法规的前提下，各家航空公司的飞行路径都尽可能短。因此，我们可以用飞行时间作为飞行距离的合理估计。（为了减少风的影响，可以将往返的飞行时间取一个合适的平均值——在实践中，普通的算术平均数已经够了，但更多信息可参见第281页。）可以利用大地测量中的三角测量法，通过构造一个三角网来确定相关机场的相对位置。要证明地球不可能是平的，我们先假定地球是平的，然后再看这意味着什么。在三角测量法中，测绘员一般会取某段长度作为基准，然后利用三角形的角度计算出其他边的距离。但这里，我们有幸可以使用实际的距离（以飞行时间计）。

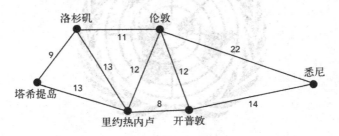

基于地平说的航线图

上图显示了针对六个主要机场的三角测量。这是拟合飞行时间之后生成的唯一合理的平面图。首先，伦敦与开普敦之间是12小时飞行时间。之后就可以确定里约热内卢和悉尼的位置。它们的位置是唯一的，除了整个图可以左右颠倒而不变动任何距离。不过这种颠倒其实无所谓，只要你确保里约热内卢和悉尼分别在伦敦到开普敦这条连线的两边。如果它们同在一边的话，它们之间的飞行时间将只需约11小时，而实际上它需要18小时。接下来你可以确定洛杉矶的位置，最后是塔希提岛（同样需要利用到其他城市的飞行时间，来确认是在哪一边）。

现在，我们可以利用地球是平的这一假设展开推理了。从图上看，从塔希提岛到悉尼的距离大约是35小时。（很巧，途经里约热内卢和开普敦的航线很接近于直线，其距离之和为35。）因此，不考虑经停时间的话，这就是坐飞机旅行所需的**最短**时间。

但实际上从塔希提岛至悉尼的飞行时间是8小时。即使考虑进些许误差，这两者的差距也太大了，所以地球是平的这一假设必定不成立。利用具有更多机场和更精确距离的三角网，你可以非常准确地绘制出地球大部分区域的基本形状——仍以飞行小时计。为了将其转换为长度，你需要知道飞机的飞行速度，或用其他方法算出至少一段距离的长度。

联合国标志（用等角投影将圆的地球转换为平的圆盘）

现如今，每位见多识广的地平说支持者已对各种能"解释"这些结果的文字游戏和非标准物理学了然于心。或许某种扭曲力场改变了几何学，使得用通常意义上的距离直接绘制出的平面图是错误的。这是可以做到的：中心点为北极点的等角投影就是如此，这样你可以将圆的地球上的任何东西（包括物理定律）投影到平的圆盘上，而南极地区将成为围绕在最外围的一圈冰墙。联合国标志正是这样做的，因而它也被地平说学会用来"证明"他们的观点是正确的。然而，这种变换是平凡且毫无意义的。在逻辑上它等价于符合常规几何学的圆的地球。在数学上它只不过是一种间接承认"它不是平的"的方式。因此，度量的变化或者类似的借口根本无法动摇地圆说。

那么风的影响呢？或许从塔希提岛到悉尼吹着狂风呢？如果真是这样的话，风速起码得是750英里每小时。更糟的是，从塔希提岛到悉尼的直线距离与途径里约热内卢和开普敦的航线距离非常接近。如果从塔希提岛至悉尼的路上真的刮着狂风，那么这几段路程中至少有一段花了太长的时间。

地平说支持者退却到的下一道防线是标准的否认策略：这是彻彻底底的阴谋论。好，但这是谁的阴谋呢？互联网上的订票网站列出的航班时刻表不可能出大错，因为每天有数百万人乘坐飞机；如果航班时刻表经常性出大错，那么多数人都会发现有问题。也有可能航空公司集体密谋，在某些航线上故意放慢飞行速度，所以如果以"正常"速度飞行的话，前面的平面图将会缩小，使得有可能只花8小时从塔希提岛直飞悉尼。但要实现这点，原来的路程都要除以4或更多，所以如果是航空公司为了让我们相信地球是圆的而故意放慢航速，那么正常情况下，普通民航客机从伦敦直飞悉尼只需5小时。

不像其他声称科学家密谋的阴谋论（这只对那些根本没见过科学家的人有用*），上面的阴谋论有一个相当致命的缺陷。它要求大多数航空公司可以容忍每天因浪费航油而损失大笔金钱，还必须忍住诱惑不挤垮

---

* 我并没有暗示，科学家大多是诚实的。我只是希望指出，科学家都乐此不疲地试图证明别人是错的，因为这是他们获得晋升的手段之一。即使所有科学家都是骗子，大规模密谋的阴谋论也仍然站不住脚。

竞争对手，毕竟它们实际上能以比现在少一半以上的时间来运行航线。一个利用航空公司航班信息作假以达到证明地球是圆的阴谋论，要求数以百计的私营企业心甘情愿地扔掉大笔**金钱**。这可能吗？

当然，情况不妙时，那些人总是可以退回到最后的庇护所：管你什么证据，我就是不信。

123456789 乘以 X（续）

乘到9（参见第113页）后还可以继续。试着再让123456789乘以10, 11, 12等。你现在发现了什么？

详解参见第281页。

声名的代价

瓦迪斯瓦夫·奥尔里奇

波兰拓扑学家瓦迪斯瓦夫·罗曼·奥尔里奇最早提出了现在所谓的奥尔里奇空间。这是些泛函分析领域非常专业的概念。但有一次他反而被这个声名所累。和他的大多数同胞一样，他住在一间很小的公寓里。有一天，他向市政官员申请一处更大些的住所，但他得到答复说："你的公寓的确很小，但由于你已经有了自己的空间，所以我们只好拒绝你的申请。"

正五边形之谜

我们共同努力所取得的巨大成功，让我想要重操医生本行，于是我在自己的房子里建了一间小诊室。但我小心保留了足够的弹性，以备随时听从夏尔摩斯的调遣。这不，电报一到，我便把我的病人交给了代班的杰基尔医生，然后招了辆马车赶往贝克街222B。

当我赶到夏尔摩斯的住处时，我发现他正被一堆纸包围着，手里还拿了把剪刀。

"这是道有趣的谜题，"他评论道，"一条长条纸带，打出一个简单的单结。很难想像，有个人的命运取决于此。"

用纸带打出的单结

"天啊，夏尔摩斯！怎么会有这种事情？"

"是一桩棘手的敲诈案，何生。证据就在纸带被尽量拉紧再压平后生成的形状里。我怀疑它是一个秘密社团的符号，而如果能证明这一点，这个案子就破了。"说着，他将那个结递给我，"你看，何生，它会变成什么形状？"

我马上在我的笔记本上画了一个单结的草图。

一个单结形成闭环

"众所周知，如果是一个单结形成闭环，它具有三重对称性。"我答道，自感现在思路异常敏锐，"因此，我猜它是个三角形或六边形之类的形状。"

"那让我们先来实验一下，"夏尔摩斯说，"然后再来解决更棘手的任务，证明我们的眼睛并没有欺骗我们。"

单结被压平后是什么形状呢？动手试试看。答案和证明参见第282页。

等差幂数列

如果一个等差数列（前后项之差不变的数列）的第二项是个平方数，第三项是个立方数，如此等等，那么这个数列称为等差幂数列。也就是说，这个数列的第k项是个k次方数。（它对第一项没有要求，因为所有数

的一次方都是它自己。）比如，5, 16, 27这个数列长度为3，公差为11，并且有

$$5=5^1 \quad 16=4^2 \quad 27=3^3$$

一个构建长度为n的等差幂数列的平凡方法是写n个$2^{n!}$。这样数列各项依次是一次方、平方数、立方数，一直到n次方数。它的公差为0。取巧，但没什么意思。

2000年，约翰·罗伯逊证明了，除了这种同一个数重复的数列（公差为0），最长可能的等差幂数列有五项（长度为5）。参见：John P. Robertson, "The Maximum Length of a Powerful Arithmetic Progression," *American Mathematical Monthly* 107 (2000) 951. 为了构造这一数列，我们先从1, 9, 17, 25, 33这个公差为8的数列入手，然后将它们分别乘以$3^{24}5^{30}11^{24}17^{20}$。得到的数列依然是等差的，其公差等于8乘以刚才那个数。新的五个数分别为：

(1) 105296300947500528679576597972843146957627185136414002040448794141411781311035 15625

(2) 947666708527504758116189381755588322618644666227726018364039147272706031799316 40625

(3) 179003711610750898755280216553833349827966214731903803468762950040400028228759 765625

(4) 263240752368751321698941494932107867394067962841035005101121985353529453277587 890625

(5) 347477793126751744642602773310382384960169710950166206733481020666658878326416 015625

它们的公差是：

842370407580004229436612783782745175661017481091312016323590353131294250488281 25000

若记这五项分别为a_1, a_2, a_3, a_4, a_5, 则

a_1是它自己的一次方（这很显然）

$a_2 = 3078419575898491388288844129170837402343750^2$是个平方数

$a_3 = 5635779747116948576103515625^3$是个立方数

$a^4 = 716288998461106640625^4$是个四次方数

$a^5 = 5107229935551562550^5$是个五次方数

真是奇妙极了！

（如果用质因数分解的话，更容易检验这些项是相应的幂次方数。）

为什么健力士黑啤的泡泡往下沉？

在喝像健力士这样的黑啤时，人们会发现啤酒中的泡泡并没遵循普通物理定律而向上浮起来。它们在往下沉。至少，看起来是这样。但泡泡比它周围的液体要轻，所以它们本该受浮力的作用而被推**向上**。

这个疑案最终在2012年被一个数学家团队破解。恰巧，他们都是爱尔兰人（或工作在爱尔兰）：利莫瑞克大学的威廉·李、尤金·本尼洛夫和卡塔尔·卡明斯。

这种现象在其他液体中也存在，只不过由于淡色的泡泡与黑啤的颜色对比更为明显，所以在黑啤中更容易被观察到。此外，黑啤的泡泡，除了和其他啤酒一样包含二氧化碳，还包含氮气，而氮气泡泡更小更持久，进一步强化了效果。

这种现象的部分答案很简单：我们只能看到贴近玻璃的那些泡泡。中间的泡泡被啤酒挡住了，我们观察不到。因此，可能有些泡泡在往上浮，有些则往下沉。但这不能解释为什么**有**泡泡会往下沉。它们不该如此。

直到最近，我们甚至不知道整个现象是否只是一种视觉错觉。另一种解释是，这种现象是由密度波造成的。泡泡往上浮，而密度波往下行。这类行为对于波而言很常见。比如，海水并不与波浪一起移动，它基本上只是在原地一圈又一圈地打转。移动的是水质点最高点的位置。诚然，波浪最终冲上了海滩，但这部分是由于浅水波的效应，并且海水接着又流回了海里。要是海水跟着波浪一起移动的话，那么波浪就会在海滩上越积越高，而这说不太通。尽管海水逆波移动的程度不太，但这个常见的例子还是表明了海水的运动与波浪的移动之间的区别。黑啤中的泡泡也可以是同样原理。

这是个相当合理的解释，但在2004年，苏格兰科学家安德鲁·亚历山大的团队与斯坦福大学的合作者一起拍摄了一段视频，证明泡泡的确是往下沉的。该团队在圣帕特里克节发表了这项结果。他们用了一架高速摄影机将泡泡的运动拍成慢镜头，并追踪单个泡泡的轨迹。他们发现那些触壁的泡泡会被啤酒杯壁粘住，所以浮不起来。不过，中间区域的泡泡能自由地浮起来，这样啤酒就形成了中间区域往上、杯壁区域往下的液体循环，而泡泡跟着液体一起运动。

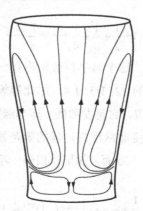

健力士黑啤在啤酒杯里的流动情况：杯壁处的流向是向下的

爱尔兰科学家团队改进了这种解释，表明这种现象并不是由于泡泡被杯壁粘住而导致的。之所以会这样，是因为啤酒杯的形状。黑啤通常是倒在弧形啤酒杯里饮用的，这种杯子的杯口一般都要比杯底宽。通过运用流体力学知识进行计算和实验，该团队发现，当泡泡在杯壁根部附近时，如你所料，它们是笔直往上运动的。但当杯壁的形状偏离垂直方向后，泡泡也便离开了杯壁。因此，杯壁区域的啤酒密度要比中间区域的大，于是啤酒在杯壁区域往下流，并带动了它周围的液体一起向下。这样啤酒中就有了个液体循环：中央区域往上，杯壁区域往下。

相对于啤酒，泡泡总是向上运动的，但在杯壁附近，啤酒向下运动的速度比泡泡向上的速度要快，因此泡泡也往下走了。我们能看见泡泡，但不容易看出啤酒的运动。

更多信息参见第286页。

随机调和级数

无穷级数

$$1+\frac{1}{2}+\frac{1}{3}+\frac{1}{4}+\cdots+\frac{1}{n}+\cdots$$

被数学家称为**调和级数**。这个名字与音乐略有一些关系，在弦乐器中，泛音的波长是基音波长的1/2, 1/3, 1/4，如此等等。但这个级数并没有音乐方面的意义。我们知道，它是发散的，即当n趋于无穷大时，该级数也是无穷大。它的发散速度非常缓慢，但的确是发散的。事实上，前2^n项相加之和大于$1+n/2$。另一方面，如果我们隔一项改变正负号，我们得到交错调和级数

$$1-\frac{1}{2}+\frac{1}{3}-\frac{1}{4}+\cdots+(-1)^{n+1}\frac{1}{n}+\cdots$$

该级数是收敛的。它的和等于log2，约等于0.693。

拜伦·施穆兰想知道，如果随机选择各项的正负号的话（比如用抛公平硬币的方法，正面朝上就使用正号，背面朝上就使用负号），会发生什么情况。他证明了，这样的级数收敛的概率是1（普通调和级数等价于抛硬币的结果都是正面朝上，其收敛的概率为0）。不过，它的和取决于抛硬币结果的序列。

现在问题来了：它收敛到某个特定值的概率是多少呢？由于这个值可以是任意正负实数，因此得到某个特定值的概率为0（"连续随机变量"一般都如此）。处理这个问题需要用到概率分布（或密度）函数。它确定了收敛到任意某个给定**区间**，比如在数a和b之间的概率。这个概率等于概率分布函数在这个区间上所围的**面积**。

对于正负号随机的调和级数，它的和的概率分布函数如下图所示。它有点像大家熟悉的钟形曲线或正态分布，只是顶部更平坦一些。由于硬币的"正面"和"背面"概念可以互换，所以该图形是左右对称的。

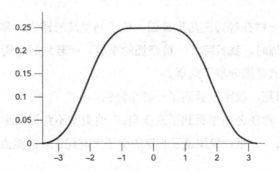

正负号随机的调和级数的和的概率分布

这个问题是"实验数学"的一个具体实例。实验数学通过使用计算机来计算有趣的数学猜想。从图上看，中央峰值的高度大约为0.25，即1/4。此外，函数在-2和+2处的值大约是0.125，即1/8。肯特·莫里森在

1995年猜想这两个值是精确的，但在仔细研究之后，他在1998年改变了想法。取小数点后10位的话，当$x=0$时，函数值为0.2499150393，比1/4稍微小一些。而当$x=2$时，如果还是取10位小数，函数值为0.1250000000，看起来仍然是1/8。但如果取到45位小数的话，该值其实为：

0.124999999999999999999999999999999999999999764

它与1/8的差不超过10^{-42}。

施穆兰的论文解释了为什么这个值那么接近但又不等于1/8。参见：Byron Schmuland, "Random Harmonic Series," *American Mathematical Monthly* 110 (2003) 407–416. 在这里，通过实验证据我们得到了一个看似非常合理的猜想，但结果它是错误的。这正是为什么，像福洛克·夏尔摩斯强调一切需要证据一样，数学家强调一切需要证明。

⌐⌐ 在公园里打架的狗 🔍 ⌐⌐

像往常一样在等边三角形公园（位于马里波恩路上，靠近狗和三角形公屋）晨练时，我目睹了一桩奇怪的事情。一赶到贝克街222B，我就忍不住和我的搭档分享了此事。

"夏尔摩斯，我刚刚看到了一桩奇怪的——"

"事情。你在公园里看到了三条狗。"他眼睛不眨地接道。

"你怎么——哦，我知道了！我的裤子上有泥巴，而泥点的模式说明——"

夏尔摩斯笑了起来。"不，何生，我是根据别的东西推断出来的。它告诉我，你不仅在公园里看到了三条狗，还看到它们在打架。"

"的确如此！但这不是那件奇怪的事情。狗不打架才奇怪呢。"

"确实。我必须记住这个金句，何生。非常精彩。"

"奇怪的事情是在它们打架之前发生的。三条狗同时出现在公园的三个角——"

"这个公园是个等边三角形，它的边长都是60码。"夏尔摩斯插话道。

"嗯，对的。它们一出现在那里，每条狗就盯着顺时针方向在自己左边的狗，然后突然一起跑向对方。"

"每条狗跑的速度都是4码每秒。"

"我服了你了。结果，每条狗都跑了一条弯曲的路径，最后在公园的中心撞在了一起。一瞬间，它们打了起来，我不得不把它们分开。"

三条狗

"所以你才衣服和裤子上都是裂口，腿上还有牙印。从中我可以看出，它们是由一条红塞特犬、一条寻回犬以及一条由斗牛犬和爱尔兰猎狼犬杂交的杂种造成的。杂种狗前左腿瘸了。"

"哈!"

"还带着红色的皮项圈，项圈上有个铃铛，铃铛生锈不响了。你有没有注意到它们在多久之后才撞一起?"

"我忘记看怀表了，夏尔摩斯。"

"拜托，何生！你又只是在看，而没有去观察。不过，幸好在这里，时间可以从已知条件中算出来。"

假设狗是一个点。详解参见第286页。

那棵树有多高？

护林人有个古老的技巧，可以在不爬树或者使用测量仪器的情况下估算出一棵树有多高。如果在开花园派对时，园子里恰好有棵合适的树的话，可以用这个技巧来活跃气氛。我从托比·巴克兰那里学到的这个技巧。参见：Toby Buckland, "Digging Deeper," *Amateur Gardening* (20 October 2012) 59. 建议在运用这项技巧时穿长裤。

你需要背对着树，在离开树一定距离后站好。随后弯下腰，视线穿过两腿间回望树。如果看不到树顶的话，你就往前移动一下身体，直到能看到它为止。如果能轻轻松松地看到树顶，那就往回移动一些，直到可以刚刚好看到树顶。在这个位置，你离树的距离大约就等于树的高度了。

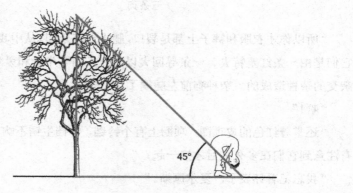

估算树的高度

这技术（姑且这么称之）是欧几里得几何的一个简单应用。它的原理是，我们中的大多数人，从腿间向上看东西的角度大约是45度。因此，我们看到树顶的视线是等腰直角三角形的斜边，因而另两边相等。

显然这种方法的准确度取决于你身体的柔韧度，但对我们多数人来说，它不会错得太离谱。诚如巴克兰所说："试试吧，这项运动比瑜伽便宜，而且大多数人从儿时起就大概没再用这个视角享受过世界了！"

为什么我朋友有比我更多的朋友？

我的天啊！每个人看起来都比我有更多的朋友！

在Facebook上如此，在Twitter上如此。在所有社交媒体网站上如此，在现实生活中也如此。甚至在你计算商业伙伴或者性伴侣时还是如此。当你开始查看你的朋友**他们**有多少朋友时，你难免自惭形秽。不只是他们中大多数都比你有更多的朋友：平均而言，他们**所有人**都比你朋友多。

为什么和其他所有人比，**你会如此没人缘呢**？这不免令人担忧，但你也用不着沮丧。大多数人的朋友都比他们朋友多。

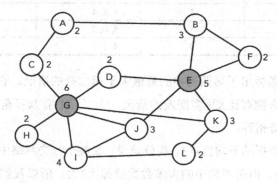

朋友关系网示例

这可能听起来很奇怪。**平均而言**，每个人在给定社交网络中的朋友数基本相同，也就是平均数——而平均数只有一个。有些人的朋友多些，有些人的少些，但平均一下……就是平均数。他们的朋友平均而言**也**应该拥有同样数量的朋友，这似乎在直觉上是合理的。但真的如此吗？

让我们试下一个例子。它没有什么特别之处，是我随手一次画出来的。大多数关系网应该表现得与此差不多。前图的关系网中有12个成员，连线表示他们是朋友关系。（我们假设所有的朋友关系是双向的。在社交网络中并不总是如此，但即便这样，结论还是一样的。）下表为图中的关键数据：

成　　员	自己的朋友数	朋友的朋友数	前一项的平均值
Alice	2	3, 2	**2.5**
Bob	3	2, 5, 2	3
Cleo	2	2, 6	**4**
Dion	2	5, 6	**5.5**
Ethel	5	3, 2, 2, 3, 3	2.6
Fred	2	3, 5	**4**
Gwen	6	2, 2, 2, 4, 3, 3	2.67
Hemlock	2	6, 4	**5**
Ivy	4	6, 2, 3, 2	3.25
John	3	5, 6, 4	**5**
Kate	3	5, 6, 2	**4.33**
Luke	2	4, 3	**3.5**

我用加黑标出了第四列中的数值大于第二列的情况。它们属于X的朋友平均而言拥有比X更多朋友的情况。十二行中有八行是加黑的，还有两行的数值相等。

第二列数据的平均值是3。也就是说，在整个社交网络中，人们平均的朋友数是3。但第四列中的大多数数值都比3大。所以我们的直觉在哪里出了问题？

问题就出在像Ethel和Gwen这样有着特别多朋友（分别为5和6）的成员。由于他们交游广泛，所以当我们在统计朋友的朋友有多少时，他们会非常频繁地被算进来，从而在第三列中贡献更多，进而拉高平均值。另一方面，拥有很少朋友的成员则很少被算进来，并且数值上的贡献也小。

所以你的朋友们不是一个典型的样本。那些有着很多朋友的人在其中被过度代表了，因为他们朋友多，你有更大可能性是他们的朋友。而那些朋友比较少的人则代表不足。这种效应拉高了平均值。

你可以在第三列中发现这种情况。5这个数在Ethel的每个朋友里出现，一共五次；同样地，6这个数在Gwen的每个朋友里出现，一共六次。另一方面，Alice在第三列中只贡献了两次2：一次在Bob那里，一次在Cleo那里。因此，Ethel总共贡献了25，Gwen总共贡献了36，而可怜的Alice总共只贡献了4。

正所谓："凡有的，还要给他，让他有余。"

这种情况**没有**在第二列中发生：每个人以同等的机会为平均数（3）贡献。

事实上，第四列所有数据的平均数是3.78，比3大了不少。我可能应该使用加权平均数：把第三列中的数加起来除以一共有几个数。这时答案是3.56，还是比3大。

我希望你现在感觉好些了。

证明参见第287页。

统计学是不是很棒？

根据统计，鳄鱼每年生四千两百万枚鳄鱼蛋。其中，只有一半可以孵化成功。而在孵化出来的鳄鱼中，有四分之三会在第一个月中就被其他动物吃掉。剩下的鳄鱼，由于各种原因，一年后只能存活5%。

所以如果不是因为统计学，我们可能早就被鳄鱼吃光了！

六客人 🔍

长久以来，夏尔摩斯不喜欢参加晚宴派对这事一直困扰着我。他讨厌寒暄，在女人堆里就会浑身不自在，尤其是遇到像我朋友比阿特丽克斯那样楚楚动人的女子时。但时不时地，他不得不勉为其难，咬牙硬上，硬着头皮参加有女士在场的社交活动。而在这些场合，他会时而不苟言笑，时而变成话痨，时而令人讨厌，时而又潇洒迷人。

这次是一个不大的聚会，参加的有西普希尔兄妹奥布里（Aubrey）和比阿特丽克斯（Beatrix）以及兰姆申克夫妇克里斯平（Crispin）和多琳达（Dorinda）。当然，这四个人我都认识；比阿特丽克斯是位可人的未婚小姐，并且我坚信她现在没有追求者。夏尔摩斯只认识我，这不免让我担心他性格中孤僻的一面会暴露出来，但我还是希望他能扩大一下社交圈。西普希尔兄妹和兰姆申克夫妇中的两位男士是同一个俱乐部的会员，所以相互认识，但其他人此前从未谋面。

在宾客们到场后，夏尔摩斯也了解到了这些情况。随后我们便坐在了一起。夏尔摩斯的在场，使得交谈时不时冷场，于是我起身倒了几杯雪利酒，同时给他准备了双份的量。

"真是难得（singular）！我发现我们中有三人是相互认识的，有三人是相互不认识的。"我试着打破冷场局面。

"三人就不是单数了（singular）。"夏尔摩斯嘟囔道，但见我做了个手势，他便闭上了嘴。我立刻帮他把酒加满。

比阿特丽克斯要我解释一下刚刚的话，我赶紧从命。"你、奥布里和我彼此都认识另外两个人：我们是相互认识的三人。"

"我想我们可不仅仅只是认识，约翰。"她回道。

"真高兴能听你这么说，亲爱的小姐，"我说，"但我需要用一个可以适合所有人的词汇。夏尔摩斯、你和多琳达就是相互不认识的，至少至今为止没有在社交场合见过面。当然，夏尔摩斯的名字已是众所周知了。"

"可不是嘛。"克里斯平话里带酸。

"我觉得这个情况有点不同寻常——"

"你不应该这么想，何生。"夏尔摩斯打断道，"至少，你不应该认为存在至少一组这样的三人是不同寻常的，不论他们是相互认识的，还是相互不认识的。"

"为什么不应该？"奥布里问道。

"因为**每当**六个人在一起的时候，总有至少一组这样的三人，而不论六个人之间究竟谁认识谁。"夏尔摩斯答道。

"噢，这真让我震惊，"奥布里说，"真是不同寻常。"

"你为什么那么肯定，夏尔摩斯先生？"比阿特丽克斯问道，眼睛里闪着亮光——我猜，这不完全是雪利酒的作用。

"因为这是可以被证明的，亲爱的小姐。"

"哦，请继续说，夏尔摩斯先生。我发现这种事情挺吸引人的。"夏尔摩斯垂下了头，但我在他脸上察觉到了转瞬即逝的一丝微笑。他假装对女性的魅力不为所动，但我知道这是伪装。他只不过是缺乏自信而已。不过我希望他这样继续下去才好，因为比阿特丽克斯是位美丽谦逊的女子，会让任何成熟男士怦然心动。比如我。

"理解这个证明的最简单方式是画个示意图。"夏尔摩斯说。接着他起身走到餐桌边，拿了些碟子和刀叉。

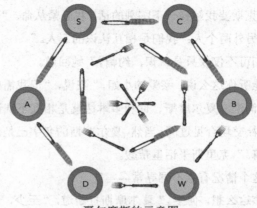

夏尔摩斯的示意图

"碟子代表我们六个人。"夏尔摩斯说着，随手用油彩颜料把我们的名字首字母写在碟子上。曾几何时，他曾打算做戏剧演员，这些颜料便被他作为纪念品一直带在了身上。"在两个人之间放叉，代表他们相互认识；放刀，代表他们相互不认识。"

"嗯，刀剑相向。"比阿特丽克斯说道。我赶忙称赞她的机智，并重新给她斟满酒。

"比如，何生和我就由中央的叉子相连，但我和其他人都以餐刀相连。

"现在，正如何生之前敏锐指出的，WAB是一个由叉子组成的三角形，而SBD是一个由餐刀组成的三角形。但我的观点是，**无论我们怎么摆放刀叉，总会有至少一个由同一种餐具组成的三角形**。"

"有可能两种餐具的三角形都有吗，夏尔摩斯先生？"比阿特丽克斯问道，目不转睛地看着他的一举一动。

"有时候会这样，小姐，但不总是如此。举个极端的例子，如果餐桌上都是叉子，那就不可能有由餐刀组成的三角形了；如果都是餐刀，也就不可能有由叉子组成的三角形。"

比阿特丽克斯点了点头，一脸严肃的样子。"那么看起来，"她边思考边说，"随着叉子陆续被换成餐刀，那么由叉子组成三角形的机会就会变小，而由餐刀组成三角形的机会就会变大。"

夏尔摩斯点了点头。"说得很好，小姐。这里的证明正是要表明，在前一种情况出现的可能性消失之前，后一种情况必定会出现。为精确起见，让我们选一个碟子。随便哪个碟子。有五把餐具指向它，而其中至少会有三把是同一种餐具。为什么呢？"

"因为如果每种餐具只有两把或更少，那么最多只能是四把餐具。"比阿特丽克斯马上回答道。

"非常好！"我抢在夏尔摩斯说出类似的赞美之前先下手为强。

"现在，"夏尔摩斯说，"让我们考虑这样三把同一种的餐具——让我们假设它们都是叉子，餐刀的情况类似——看一下它们所指向的那些碟子。当然，不算我们最初选的那个。现在，要么这些碟子之间至少有一对由叉子相连，要么它们相互之间都由——"

"餐刀相连！"比阿特丽克斯叫了出来，"在前一种情况下，我们找到了一个由叉子组成的三角形；而在后一种情况下，也有一个由餐刀组成的三角形。为什么，夏尔摩斯先生，在你这样清晰解释之后，一切看起来都是——"

"那么显而易见。"夏尔摩斯叹了口气，抿了一大口雪利酒。

这一评论有点打击到了她，我赶忙向她示意，为我朋友的粗鲁表示歉意。她随即露出的笑容，顿时让我满心欢喜。

这一数学分支被称为拉姆齐定理。更多信息参见第288页。

如何写出一个非常大的数

整个宇宙有多少粒沙子？古希腊最伟大的数学家阿基米德不满足于

通常的以无穷多粒作答，而试图找到一种方式来表示非常大的数。在《数沙术》一书中，他假设宇宙的大小是当时哲学家认为的大小，而整个宇宙被填满了沙子。他估算出，所有沙子不会超过（以我们的十进制计）1000…000粒，其中共有63个连续的零。

这个数非常大，但不是无穷大。还有比它更大的数吗？

数学家们都知道，没有最大的数。数你想要多大，就能有多大。原因也非常简单：如果确实有一个最大的数，那么只需给它加上1，你就得到了一个更大的数。大多数掌握了十进制记法的小朋友很快都会意识到，他们能通过在数的末尾加零，使一个数变得更大（确切说，是大十倍）。

不过，尽管在原理上数能变得多大没有限制，但我们选择用来写出数的方法却往往有实际限制。比如，罗马人用字母I（1）、V（5）、X（10）、L（50）、C（100）、D（500）和M（1000）组合的方法来写出数，可以得到中等大小的数。1–4分别被记为I、II、III、IIII，不过IIII经常被写成IV（5减去1）。在这个系统中，你能写出的最大的数是：

MMMMCMXCIX=4999

而如果你只能使用三个M的话，这个数还要减少1000。

然而，罗马人有时候也需要用到更大的数。为了表示一百万，他们通过在M上面加条横线得到M̄。一般来说，在数字上加横线表示将该数乘以1000，但他们很少使用这种记法。而当他们这样做时，他们也只加一条横线，所以几百万是他们能写出的最大的数。这种计数系统的局限性表明，你能写出多大的数取决于你所使用的记法。

现如今，我们所及的范围就广得多了。1,000,000是一百万——小得可怜。而通过在数的末尾加零，并适当移动逗号使得三个数字成一组，我们可以得到大得多的数。（数学家们一般习惯使用半角空格取代逗号：1 000 000。）在西方世界，字典中表示数的单词反映了这种做法：从million、billion、trillion，等等，直到centillion。由于人类总是不能保持事物简单明了，数学界尤其如此，这些单词在大西洋两岸有着（或曾经有过）不同的意义。在美国，billion是1 000 000 000；而在英国，它表示1 000 000 000 000——后者在美国则被称为trillion。不过在如今这个相互联系越来越紧密的世界，美式用法成了主流，或许是因为milliard（对一千个一百万的英式说法）这个词（1）太过陈旧以及（2）太容易与million搞混。百万是国际金融界一个常用的单位，至少在金融危机导致的大幅缩水之后（想当年，我们谈论的都是十亿十亿的生意）。

一种更简单的计数方法是使用10的幂。所以10^6表示1后面跟了六个零，也就是million。在这里，数字6被称为**指数**。billion是10^9（或在英式说法中代表10^{12}）。centillion是10^{303}（在英国则是10^{600}）。标准字典中收录的数的命名最大到了10^{3003}，称为millinillion。计数系统如此之多，以我们有限的生命无法一一考察，或者完全加以区分。

还有两个关于大数的单词也能在大多数字典中找到，那就是googol和googolplex。googol表示10^{100}（1后面跟了100个零），它是由美国数学家爱德华·卡斯纳的九岁外甥米尔顿·西罗塔发明的。西罗塔还引入了一个更大的数——googolplex，他将之定义为"在1后面加零，直到你写不动为止"。这个定义不精确，所以修订后的说法是"1后面跟了googol个零"。

现在事情变得更有意思了，因为它遇到了与罗马人一样的问题，甚至是更快遇到。如果你真的打算把googolplex用十进制记法写出来，1 000 000 000 ...，那么穷尽一生你都写不完它。哪怕从宇宙诞生之时写起，直到现在你也无法写完它。而假设目前关于宇宙命运的计算是正确的，那么甚至直至宇宙终结，你很可能还没写完这个数。不论如何，你也没有足够的空间来写下那些零，哪怕每个零的大小与夸克一样大。

不过，还是有一种紧凑的方法可以写出googolplex：指数的指数。也就是说，

$$10^{10^{100}}$$

而你一旦开始沿着这种思路考虑的话，你便可以深入一些确实非常大的数。1976年，美国计算机科学家高德纳发明了一种记法，用来表示在计算机理论科学某些领域出现的非常大的数。这里的"非常大"真的是非常大——大到根本无法用常规的记法写出来。与那些用高德纳的**向上箭头记法**表示的数比起来，1后面跟着10^{100}个零的googolplex简直是小巫见大巫。

高德纳的记法始于

$$a{\uparrow}b=a^b$$

所以举例来说，10↑2=100，10↑3=1000，10↑100是googol，10↑(10↑100)是googolplex。根据常规的指数运算顺序（从右往左作运算），我们可以更简单地写成10↑10↑100。而你也很容易写出诸如10↑10↑10↑10↑10↑10↑10这样的数。

但这只是开始。我们记

$$a{\uparrow\uparrow}b=a{\uparrow}a{\uparrow}\ldots{\uparrow}a$$

其中a重复出现b次。由于指数的运算是从右往左，所以举例来说，

$$a{\uparrow\uparrow}4=a{\uparrow}(a{\uparrow}(a{\uparrow}a))$$

又比如，

$$2{\uparrow\uparrow}4=2{\uparrow}(2{\uparrow}(2{\uparrow}2))=2{\uparrow}(2{\uparrow}4)=2{\uparrow}16=65\ 536$$

和

$$3{\uparrow\uparrow}3=3{\uparrow}(3{\uparrow}3)=3{\uparrow}27=7\ 625\ 597\ 484\ 987$$

这些数很快就会变得无法一位位地写下来。比如，4↑↑4就有155位。但这里的要点在于：向上箭头记法提供了一种描述超级大数的紧凑方法。不过这还没怎么开始呢。现在我们记

$$a{\uparrow\uparrow\uparrow}b=a{\uparrow\uparrow}a{\uparrow\uparrow}\ldots{\uparrow\uparrow}a$$

其中在右边a重复出现b次。再一次地，记号↑↑也是从右往左作运算的。

现在你应该明白了：我们可以继续下去

$$a\uparrow\uparrow\uparrow\uparrow b=a\uparrow\uparrow\uparrow a\uparrow\uparrow\uparrow\ldots\uparrow\uparrow\uparrow a$$

$$a\uparrow\uparrow\uparrow\uparrow\uparrow b=a\uparrow\uparrow\uparrow\uparrow a\uparrow\uparrow\uparrow\uparrow\ldots\uparrow\uparrow\uparrow\uparrow a$$

如此等等，其中都是a重复出现b次，并且我们都是从右往左作运算。

R.L. 古德斯坦发展了高德纳的记法，并将之简化，提出了所谓的超运算符。约翰·康威也发展出了一套借助水平箭头和括号实现的"链式箭头"记法。

在弦论（一种旨在统一相对论和量子力学的理论物理理论）中，出现了$10\uparrow10\uparrow500$这样的数：这是可能存在的不同时空结构的总数。按照唐·佩奇的说法，物理学家能够确定计算出的最长的时间是惊人的

$$10\uparrow10\uparrow10\uparrow10\uparrow10\uparrow1.1年$$

这是拥有整个宇宙质量的黑洞的量子态的庞加莱重现时间；也就是说，经过这段时间之后，这个系统将回复到它的初始状态，然后历史将重演。

格雷厄姆数

数学家偶尔会比物理学家需要更大的数。这不只是为了好玩，而是因为它们实际出现在一些有意义的问题中。1977年，马丁·加德纳在《科学美国人》的专栏中写道，数学家罗恩·格雷厄姆曾向他提到一个非常大的上限，堪称迄今为止严肃数学证明中出现的最大的数。这个数后来被称为格雷厄姆数。

格雷厄姆和合作者布鲁斯·罗斯柴尔德研究的是一个有关超立方体（立方体在多维空间的类比）的问题。正方形有四个顶角，立方体有八个顶角，四维超立方体有十六个顶角，而n维超立方体有2^n个顶角。它们对应于n维坐标系中由n个0和1所组成的所有可能序列。

考虑一个n维超立方体，连接**所有**顶角，得到一个有2^n个顶点的完全图（每对顶点之间都恰有一条边相连）。将这个图的每条边染成红色或蓝色。求n的最小值，使得在**所有**染色方法中存在至少一个有四个顶点的完全子图，它在被投射在一个平面后，连接这些顶点的边是同一种颜色。

两位数学家证明了，这样的n存在，其上限是一个超级大的数，可用高德纳的向上箭头记法表示如下：

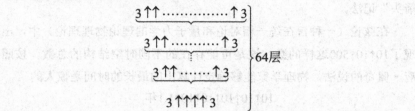

水平括号下面的数表示上面的箭头数量。从最下面一层依次往上算：在上面一层（第63层）有3↑↑↑↑3个箭头。然后用**那个箭头数目**在第62层得到一个新的数。然后用**那个箭头数目**在第61层……！很遗憾，我们无法用传统的十进制记法写出这里涉及的任何一个数。在这方面，它比**googolplex**还要糟糕得多。但这也正是它的迷人之处……

这就是格雷厄姆数，而它真的非常非常大。顺便一提，格雷厄姆和罗斯柴尔德在1971年论文中发现的上限其实要比格雷厄姆告诉加德纳的小，但仍然大得离谱，并更难加以说明，所以这里我就不展开了。

不无讽刺的是，该领域的研究者猜想，这个数实际上可能会**小得多**。事实上，$n=13$可能就行，但这尚未得到证明。格雷厄姆和罗斯柴尔德证明了n大于等于6；杰夫·埃克索在2003年将下限提高到了11；到目前为止的最好结果是由杰罗姆·巴克利在2008年做出来的，他将n的下限提高到了13。

更多信息参见第289页。

✿ 理解不了 ✿

当科学家提到大数，比如宇宙的年龄（137.98亿年，或约43亿亿秒）或离得最近的恒星距离（4.25光年，或约40万亿千米）时，我们常常会说"我理解不了"之类的话。同样的情况也出现在评估全球金融危机造成的损失时。有一个比较高的估计是英国经济损失了1.162万亿英镑。*不妨让我们取整到1万亿英镑：10^{12}英镑。

百万、十亿、万亿——在很多人的心目中，它们都差不多：反正都太大了，理解不了。

这种无法将大数转化为我们可以理解的东西的无力感，影响了我们对很多事情的看法，尤其是在政治上。当冰岛的艾雅法拉冰河火山喷发，迫使大多数英国航线停航时，人们怨声连连，尤其是航空业者。（我自己也有抱怨：我本来计划飞往爱丁堡，但结果不得不赶紧改变计划，开车前往。）估算的损失达到了1亿英镑每天：10^8英镑。

老实说，这终究只是相对一小部分公司遭受的损失。但它引发的抱怨声却很可能比金融危机引起的还要大。

比较大数的秘诀在于，你其实不需要试图去理解它。事实上，不这样做可能更好。数学（事实上，基础代数）会为你做这件事。比如，我们可以算出，飞行禁令持续多久，才会使其造成的损失与金融危机造成的一样大。计算过程如下：

金融危机造成的损失：10^{12}英镑

每天因火山爆发造成的损失：10^8英镑

$10^{12}/10^8=10^4$天=27年

---

* 这个数比最终的损失要大，因为银行后来把借来的钱还了，并且其中有一些是临时性援助。截至2011年3月，损失大概是4500亿英镑，大致是这个数的一半。

我发现这个持续时间很容易把握，显而易见它比一天要长得多。所以我可以算出飞行禁令至少得持续27年才抵得上金融危机造成的损失，而根本不需要试图去理解这个计算过程中涉及的大数。

这正是数学的用处所在。别再试图理解大数：试着做做数学。

高于平均数的车夫

我气愤地把报纸扔在桌上。"夏尔摩斯——看看这份可笑的统计！"

福洛克·夏尔摩斯含糊地应了一声，继续集中精力点他的烟。

"75%的双轮马车车夫认为他们的能力高于平均数！"

夏尔摩斯抬头问道："可笑在哪里，何生？"

"好吧，我——夏尔摩斯，因为这不可能！他们必定是高估了自己！"

"为什么呢？"

"因为平均数应该是在中间的。"

大侦探叹了口气。"这是个常见的错解，何生。"

双轮马车（《伦敦街头生活》，1877年）

"错——错在哪了？"

"什么都错了，何生。假设对100个人打分，从0分到10分。如果其中有99个人都得了10分，只有一个人是0分，那么平均数是多少？"

"嗯……990/100……9.9分，夏尔摩斯。"

"那么有多少人是高于平均数的呢？"

"呃……99个人。"

"你看，这是个错解。"

我可没那么容易被说服。"但他们的分数只比平均数高一点点，夏尔摩斯，并且数据不具有代表性。"

"我夸大效果，是为了揭示这种错解的存在，何生。任何偏态（也就是不对称）的数据都有可能出现类似的情况。比如，假设多数车夫都是相当称职的，少数车夫很糟糕，而极少数又非常优秀。在这种情况下，哪些车夫是高于平均数的呢？"

"嗯……糟糕的车夫一定是低于平均数的，而优秀的车夫又无法抵消掉糟糕的那些……哎呀！称职和优秀的车夫都高于平均数！"

"没错。"夏尔摩斯在一张废纸上画了幅图，"从这些数据（它们要更符合实际情况），我们得到平均数是6.25，并且有60%的车夫高于这个水平。"

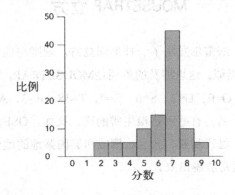

夏尔摩斯假设的驾车能力评分，其中有60%的车夫高于平均数

"所以我又错了？"我不免有点失落。

"你觉得意外吗，何生？你正好落入了一个常见的陷阱，混淆了平均数和中位数——后者的定义才是一半大于它，另一半小于它。这两者往往并不相等。"

"所以有75%的车夫高于中位数是不可能的，对吧？"

"除非车夫的数量为零。"

"但有75%的车夫高于平均数是可能的，对吧？"

"对。"

"而且他们也并没有高估自己的能力？"

夏尔摩斯又叹了口气。"我亲爱的何生，那完全是另一码事。那是一种常见的认识偏差，被称为虚幻的优势感。人们想像自己比其他人优越，即便事实并不是如此。几乎所有人都有此认识偏差，觉得自己卓然不同。上个月的《计量颅相学与认知》中有一篇文章提到，69%的瑞典马车车夫自评的分数高于中位数。这肯定是虚幻的。"

真实的现代数据参见第289页。

～ MOUSETRAP 立方 ～

杰里迈亚·法雷尔发明了一种单词立方，规则与他设计的单词幻方（参见第20页）类似。这里涉及的单词是MOUSETRAP，而字母对应的数字分别是M=0、O=0、U=2、S=6、E=9、T=18、R=3、A=1、P=0。凑出的有些单词是人名，有些则是很生僻的词。比如，OSE是某个恶魔的名字，也是日本、尼日利亚、波兰、挪威和英国某地的地名。不过惊人之处还是，这竟然真能凑出来。

顶层		
MOP	RUE	SAT
RAT	SOP	EMU
USE	MAT	PRO

中层		
EAR	SOT	UMP
SUP	MAE	ROT
TOM	PUR	SEA

底层		
STU	MAP	ORE
MOE	RUT	SAP
RAP	OSE	TUM

MOUSETRAP立方的各层

谢尔平斯基数

数论学家在寻找大质数时，经常会考虑形如$k2^n+1$的数，其中k是特定的系数，而n是变量。实验表明，对于大多数k，得到的数中至少存在一个质数，有时甚至更多。比如，对于$k=1$，则当$n=2, 4, 8$时，$1\times2^n+1$是质数。对于$k=3$，则当$n=1, 2, 5, 6, 8, 12$时，$3\times2^n+1$是质数。对于$k=5$，则当$n=1, 3, 7$时，$5\times2^n+1$是质数。（一般而言，我们可以将k除以2的倍数，使得它为奇数，而把2的倍数归入2^n。所以我们可以假设k为奇数而不失一般性。比如，$24\times2^n=3\times2^3\times2^n=3\times2^{n+3}$。）

这不禁让人猜想，对于任意$k\geq2$，至少存在一个形如$k2^n+1$的质数。然而在1960年，瓦茨瓦夫·谢尔平斯基证明了存在无穷多个奇数k，使得**所有**的$k2^n+1$都是合数。这些k被称为谢尔平斯基数。

1992年，约翰·塞尔弗里奇证明了78 557是个谢尔平斯基数，因为所有形如$78\,557\times2^n+1$的数都能被3, 5, 7, 13, 19, 37, 73中至少一个数整除。这些质数构成了所谓覆盖集。前十个已知的谢尔平斯基数分别是：

78 557　271 129　271 577　322 523　327 739

48 2719　575 041　603 713　903 983　934 909

人们普遍认为，78 557是最小的谢尔平斯基数，但这尚未被证明或证否。

从2002年起,www.seventeenorbust.com网站开始寻找形如$k2^n+1$的质数,如果它存在,那就表明这个k不是谢尔平斯基数。搜寻刚开始的时候,存在17个小于78 557的可能的谢尔平斯基数,但它们随后一个个被排除,最终只留下了六个数:10 223、21 181、22 699、24 737、55 459和67 607。随着项目的进行,人们发现了一些非常大的质数。

k	被形如$k2^{n+1}$的质数排除
4847	$4847 \times 2^{3321063}+1$
5359	$5359 \times 2^{5054502}+1$(当时已知的第四大质数)
10223	
19249	$19249 \times 2^{13018586}+1$
21181	
22699	
24737	
27653	$27653 \times 2^{9167433}+1$
28433	$28433 \times 2^{7830457}+1$
33661	$33661 \times 2^{7031232}+1$
44131	$44131 \times 2^{995972}+1$
46157	$46157 \times 2^{698207}+1$
54767	$54767 \times 2^{1337287}+1$
55459	
65567	$65567 \times 2^{1013803}+1$
67607	
69109	$69109 \times 2^{1157446}+1$

詹姆斯 · 约瑟夫 · 什么?

詹姆斯 · 约瑟夫 · 西尔维斯特是一位19世纪的英国数学家,在多个领域都有贡献,主要与阿瑟 · 凯莱从事矩阵理论和不变量理论的研究。他一生热爱诗歌,常常在数学研究论文中插入诗句。1841年,他前往美国，但随后不久就回到英国。1877年，他再次跨越大西洋，在约翰·霍普金斯大学数学系担任首席教授。他创办的《美国数学杂志》至今仍是数学界的重要期刊。1883年，他再次回到英国。

詹姆斯·约瑟夫·西尔维斯特

他原来的名字叫詹姆斯·约瑟夫。在他的兄长移民美国时，移民局的官员告诉他必须得有三个名字：名、中间名和姓。出于某些原因，他的哥哥加上了西尔维斯特作为新的姓。所以詹姆斯·约瑟夫也照猫画虎。

巴福汉入室盗窃案

巴福汉老爷富丽堂皇的家遭贼了，一些藏在保险箱里的绿宝石和红宝石被窃。夏尔摩斯被召来参与调查，他马上就发现了两位访客有重大嫌疑，她们是埃斯梅拉达·尼吉特和露比·罗波汉男爵夫人。这俩人都经济拮据，因此毫无疑问都有作案动机。但证据在哪呢？

这两位女士都承认她们拥有一些珠宝，但也都宣称那些东西是她们自己的。夏尔摩斯还没有说服鲁兰德督察去申请搜查证，所以不能检查她们的珠宝盒，否则事情就简单多了。

"这个案子的关键在于，"夏尔摩斯说，"两位女士的珠宝盒里有多少珠宝。如果珠宝的数量和失物数目吻合，我们就找到了最后一块证据。而只有我们告诉鲁兰德那两种珠宝的数量，他才愿意去申请搜查证。"

"埃斯梅拉达说她只有绿宝石，"我咕哝着，一半说给自己听，"露比说她只有红宝石。"

"没错。我确信这两点都是真的。现在，根据女仆的证词，两种珠宝的数量都介于2到101，但不包括2或101。"

"厨子不太愿意多说什么，"我接着说，"但我说服她告诉了我这两个数的乘积是多少。"

"管家也避而不谈，但我用十金镑说服了他，他告诉了我这两个数之和。"夏尔摩斯说。

"然后我们就可以通过求解二次方程得到这两个数了！"我叫了出来。

"当然，尽管我们还不知道哪个数对应绿宝石，而哪个数对应红宝石，"夏尔摩斯边思考边说，"数据是对称的。其中任何一种组合方式都足以说服鲁兰德督察去申请一张搜查证，然后一切就会水落石出。"

"如果你告诉我这两个数的和，"我说，"我就能解出方程。"

"哈，亲爱的何生，你对自己的要求太低了。"夏尔摩斯抱怨道，"让我试试能不能推理出这两个数，即使你不告诉我它俩的乘积……现在你知道这两个数是什么了吗？"

"不知道。"

"我知道你不知道。"夏尔摩斯说道。我心想，真讨厌，既然明明知道，为什么偏还要问？但突然之间，我豁然开朗了。

"现在我知道这两个数了。"我对他说。

"要是这样的话，我也知道了，何生。"

这两个数分别是什么？详解参见第290页。

⋘ π 的第一千万亿位 ⋙

现如今，我们已经知道了π的十进制表示的前12 100 000 000 050位，这是由近藤茂在2013年花了94天计算得到的。没人真正关心答案是多少，但这类破记录的努力，除了可被用来测试新型超级计算机之外，还让人得以发现一些值得关注的新洞见。这些新发现中比较有趣的一个是，我们有可能计算出π的某一位数字，而无需计算之前那些位。目前，我们还只能在以16为底数（即十六进制）时这么做，不过由此可快速推出以8, 4和2为底数时的相应数字。这一思想可推广到除π外的其他一些常数以及以3为底数，但尚还没有系统化的理论。而在十进制记法下，还没见到此类情况出现。

最早的发现，也就是BBP公式，见下文（另见《数学万花筒（修订版）》第203页）。这是一个描述π的无穷级数，据此可以算出π的某一位数字，而无需计算之前的任何一位。所以我们确信π的第一千万亿位是0（PiHex项目），而π的第二千万亿位数也是0（由雅虎的一位员工历经23天算得）。尽管如此，要想知道先前一位的数字，我们仍然需要同样长的时间来算得。

2011年，戴维·贝利、乔纳森·博温、安德鲁·马丁利和格伦·怀特威克撰写了一篇这方面的综述。参见：David Bailey, Jonathan Borwein, Andrew Mattingly, and Glenn Wightwick, "The Computation of Previously Inaccessible Digits of π^2 and Catalan's Constant," *Notices of the American Mathematical Society* 60 (2013) 844–854. 他们描述了如何算得以64为底数时的π^2、以729为底数时的π^2，以及以4096为底数时的卡塔兰常数的第十万亿位。

故事要从一个早在欧拉的时代便已知的级数说起：

$$\log 2 = \frac{1}{2} + \frac{1}{2\times 4} + \frac{1}{3\times 8} + \frac{1}{5\times 16} + \cdots = \sum_{k=1}^{\infty} \frac{1}{k2^k}$$

在这里，符号 Σ 表示求和。由于这里出现了 2 的幂，这个级数可被用来计算 log2 的某一位。随着需要计算的位数变大，这种计算方法仍然有效，只是耗时会变得长得多。

BBP 公式具体如下：

$$\pi = \sum_{n=0}^{\infty}\left(\frac{4}{8n+1} - \frac{2}{8n+4} - \frac{1}{8n+5} - \frac{1}{8n+6}\right)\left(\frac{1}{16}\right)^n$$

而其中包含的 16 的幂，使得计算十六进制下 π 的某一位变得可行。由于 $16=2^4$，这个级数也被用来计算二进制下 π 的某一位。

这种方法仅限于这两个常数吗？从 1997 年起，数学家们开始为其他常数寻找类似的无穷级数，并为其中一些找到了，包括

$$\pi^2 \quad \log^2 2 \quad \pi\log 2 \quad \zeta(3) \quad \pi^3 \quad \log^3 2 \quad \pi^2\log 2 \quad \pi^4 \quad \zeta(5)$$

其中

$$\zeta(n) = \frac{1}{1^n} + \frac{1}{2^n} + \frac{1}{3^n} + \frac{1}{4^n} + \frac{1}{5^n} + \cdots$$

是黎曼 ζ 函数。他们也成功找到了卡塔兰常数的：

$$G = \frac{1}{1^2} - \frac{1}{3^2} + \frac{1}{5^2} - \frac{1}{7^2} + \frac{1}{9^2} + \cdots$$
$$= 0.9115965599417722\ldots$$

有些级数给出了以 3 或 3 的幂为底数时的数字。比如，戴维·布罗德赫斯特的有趣公式

$$\pi^2 = \frac{2}{27}\sum_{k=0}^{\infty}\frac{1}{729^k}\left(\frac{243}{(12k+1)^2} - \frac{405}{(12k+2)^2} - \frac{81}{(12k+4)^2}\right.$$
$$- \frac{27}{(12k+5)^2} - \frac{72}{(12k+6)^2} - \frac{9}{(12k+7)^2} - \frac{9}{(12k+8)^2}$$
$$\left. - \frac{5}{(12k+10)^2} + \frac{1}{(12k+11)^2}\right)$$

就能被用来计算以 $729=3^6$ 为底数时 π^2 的某一位。

π 是正规数吗？

π的各一位数字看起来是随机的，但它们不可能是真正随机的，因为我们每次计算π时得到的总是同一个数字序列，除非算错了。人们通常认为，就像几乎所有的随机数字序列一样，**任何**有限的数字序列总能在π的十进制表示的某处找到。事实上，是无限多次，尽管在相继的两次出现之间会有大量垃圾。

这种被称为"正规性"的特性，已被证明对"几乎所有"实数都成立：对于任意足够大区间内的数，属于正规数的比例接近于100%。但这里有个漏洞，因为任意给定的实数，尤其是π，可能就是个例外。真是这样吗？我们还不知道。直到最近，这个问题仍没有解决的希望，但像上一篇提到的公式，为解决问题提供了新思路：我们或许有可能解决二进制（或十六进制）下的对应问题。

这两者之间的联系源自另外一种数学过程：递归。我们从某个数开始，应用某个规则得到另外一个数，然后反复应用这个规则得到一连串数。比如，我们从2开始，应用"求平方"这一规则，便可得到以下数列：

$$2 \quad 4 \quad 16 \quad 256 \quad 65636 \quad 4294967296 \ldots$$

二进制下log2的每一位数字，可由以下递归公式得到：

$$x_n = \left(2x_{n-1} + \frac{1}{n}\right) \bmod 1$$

其中$x_0=0$。符号mod 1意味着"去掉整数部分"，所以π mod 1=0.141 59…如果可以证明，由此得到的数平均分布在0和1之间，那么这个公式可被用来证明log2在以2为底数时是个正规数。这种"平均分布"是相当常见的现象。不幸的是，还没有人知道该如何证明这对上述递归公式成立，但这是个有希望的想法，有可能最终获得突破。

π也有一个类似但更复杂的递归公式：

$$x_n = \left(16x_{n-1} + \frac{120n^2 - 89n + 16}{512n^4 - 1024n^3 + 712n^2 - 206n + 21}\right) \bmod 1$$

其中$x_0 = 0$。如果这个式子的结果平均分布在0和1之间，那么π在以2为底数时是正规的。

这引出了另一个非常奇特的发现。如果将0到1的区间扩大16倍，使得$y_n = 16x_n$，那么一连串y_n的整数部分将落在在0和15之间。实验表明，这些数恰好是十六进制下π-3的每一位数字。这一点已经在计算机上检验了前一千万位。实际上，这提供了一个计算十六进制下π的第n位数字的公式。不过随着要计算的位数越往后，计算的耗时就越长。

有一些坚实的证据可以让我们预期这一点是正确的，但它们都算不上严格的证明。错误（如果有的话）极少出现。由于在前一千万次递归中都没有错误出现，之后出现一个错误的概率将是约十亿分之一。然而，这并不是证明——只是一个预期证明终究会被发现的很好理由。

还有一个猜想（同样有相当多证据的支持）则可以说明这一领域有多么奇特。这个猜想说：这种方法对另外一个著名的常数e（自然对数，约等于2.718 28）是无效的。与e相比，π在某些地方有点特殊。

一位数学家、一位统计学家和一位工程师……

……一起去赌马。结束后，他们在吧台相遇。工程师悲伤极了，说道："我不能理解，我是怎么把钱都输光的。我测量过那些马，计算出哪匹马在力学上是最有效率和鲁棒的，并计算出它们都能跑多快——"

"这些都没错，"统计学家说，"但你忘记了个体差异。我可是对它们之前的比赛做了统计分析，并用贝叶斯方法和最大似然估计来确定哪匹马最有可能获胜。"

"那你赢了？"

"没有。"

"我请你俩喝一杯吧，"数学家一边说，一边掏出鼓鼓的钱包，"我今天可赚了不少。"

很显然，他才是最懂赌马的人。另外两人便求着要他说出他的制胜奥秘。

数学家最后勉强答应了，说道："试考虑无穷多匹相同的球形马……"

和田湖

拓扑学经常有违直觉。这让它难以把握，但也使它变得有趣。下面就是一个奇怪的拓扑学事实及其在数值分析上的应用。

同一平面上的两块区域能有一条公共边界线，比如英格兰和苏格兰之间的或者美国和加拿大之间的。三块或以上的区域能有一个公共边界点：比如美国的四角落区域，亚利桑那州、科罗拉多州、新墨西哥州和犹他州在那里相交。

四角落

　　略微发挥点聪明才智，我们可以让任意多块区域拥有**两个**公共边界点。但让三块或以上的区域拥有两个以上的公共边界点似乎就看上去不太可能了，更别说让它们拥有同一条边界。

　　然而，这是可以做到的。

　　首先，我们得精确定义边界点是什么。假设在同一平面上有若干块区域。它们并不一定必须是多边形，它们可以是一些很复杂的形状——点的任意集合。我们称一个点在区域的**闭包**中，如果以这个点为圆心作圆，无论圆的非零半径有多小，该圆都包含该区域的某点。同样地，我们称一个点在区域的**内部**，如果以这个点为圆心作圆，无论圆的非零半径有多小，该圆都被包含在该区域内。然后，区域的**边界**就是由所有在闭包中但不在内部的点所组成的集合。

　　明白了吗？简单说，就是在边上但不在内部的那些东西。

　　对于一个由若干直线段划定界线的多边形区域，边界是由那些线段组成的。在这种情况下，边界的定义与我们日常理解的概念是一致的。可以证明，三块或以上的多边形区域不可能拥有同一条边界。但对于形状更复杂的区域，这一点就不成立了。1917年，日本数学家米山国藏给出了一个三块区域拥有同一条边界的实例。他说，这是他的老师和田健雄率先想到的。因此，这样三块区域（或者其他类似的构造）被称为和田湖。

　　我们可以通过一个无穷多次过程来构造这样三块区域。先从三块正方形区域开始。

先是三个正方形（湖）……

接下来，从第一块区域延伸出一条能将三块区域都包围住的水渠，并使得每个正方形边界上的每个点都靠近这条水渠。此外，要确保这条水渠自身不闭合，使得生成的区域留下一个缺口。

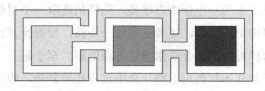

挖一条水渠……

然后，从第二块区域延伸出一条稍窄的水渠，用它来包住现在构造出来的所有三块区域。

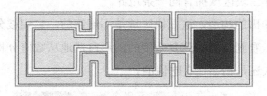

再挖一条稍窄的水渠……

接下来，从第三块区域延伸出一条更窄的水渠。然后再次回到第一块区域，延伸出一条还要再窄一些的水渠，依此类推。

无穷多次重复这样的操作。这样得到的区域无穷复杂，拥有无穷窄的水渠。但由于相继构造出来的每一个区域都越来越靠近之前构造出来的东西，所以这三块区域拥有同一条（无穷复杂的）边界。

同样的方法也适用于四块或以上的区域：构造出来的所有区域拥有同一条边界。

和田湖最初被用来表明，平面拓扑学并不像我们想像的那样简单。但很多年后，人们发现这样的区域会从求代数方程数值近似解的方法中自然地冒出来。比如，一元三次方程$x^3=1$只有一个实数解$x=1$，但它还有两个复数解$x=-\frac{1}{2}+\frac{\sqrt{3}}{2}\mathrm{i}$和$x=-\frac{1}{2}-\frac{\sqrt{3}}{2}\mathrm{i}$，其中$\mathrm{i}=\sqrt{-1}$。复数可以在平面内以点的形式呈现，即$x+\mathrm{i}y$对应于坐标为$(x, y)$的点。

求解上述方程的一个标准方法是，先随机选取一个复数，然后通过特定方式计算出第二个数，接着重复这一步骤，使得计算出的数之间越来越靠近。这样得到的数会非常接近方程的解。至于是三个解中的哪一个，这取决于最开始时选定的数，个中过程相当复杂。假设我们在复平面上根据它们最终引向的解来给这些点上色：比如，把引向解$x=1$的点涂上中灰色，把引向解$x=-\frac{1}{2}+\frac{\sqrt{3}}{2}\mathrm{i}$的点涂上浅灰色，把引向解$x=-\frac{1}{2}-\frac{\sqrt{3}}{2}\mathrm{i}$的点涂上深灰色。然后将所有涂上同一种颜色的点定义为一块区域，可以证明，这样三块区域拥有同一条边界。

不同于和田的构造，这三块区域是不连续的：它们被分割成了无穷多块。然而，看到具有如此复杂度的图形自然地从数值分析的一个基础问题中冒出来还是相当让人吃惊的。

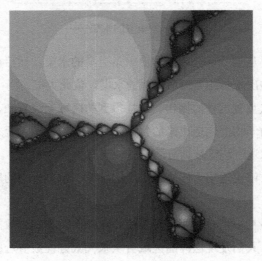

三块区域对应于一元三次方程的三个解

✆ 一首关于费马大定理的打油诗 ✆

一项挑战许多年，
难倒多少英雄汉。
最后终得见分晓：
费马当初似没错——
页边果然不够用，还得再加两百页。

——保罗·切尔诺夫

✆ 马尔法蒂的错误 🔍 ✆

"太神奇了！"我嚷道。

夏尔摩斯有点恼怒地朝我这里瞥了一眼。显然，正聚精会神地研究各种松鼠脚印的石膏印模藏品的他被我吵到了。

"答案似乎显而易见——但显然，它是错的！"我叫道。

"显而易见的事情往往，"夏尔摩斯顿了一下，"是错的。"

"你有听说过吉安·弗朗切斯科·马尔法蒂吗？"我问道。

"那个连环斧头杀手？"

"不，夏尔摩斯，那是'砍客'弗兰克·麦卡维蒂。"

"哈。不好意思，何生，你说得对。是我分心了。我的长尾巨松鼠足迹标本要碎成片了。"

"夏尔摩斯，马尔法蒂是意大利几何学家。1803年，他提出了一个问题，如何从一块楔形大理石中切割出三个圆柱体，使得圆柱体的体积之和最大。他设想，这个问题等价于在大理石的三角形截面上画三个圆，使得这些圆的面积之和最大。"

"这是个朴素但可能没错的假设,"夏尔摩斯答道,"尽管有可能斜着切割出圆柱体。"

"哦,我之前倒是没……但姑且让我们接受他的假设吧,毕竟问题的措辞总是可以适当调整的。接下来在马尔法蒂看来似乎显而易见,三个圆要画成每个圆都与另外两个圆和三角形的两条边相切。"说着,我随手画了个草图。

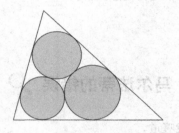

马尔法蒂的圆

"我看出错误所在了。"夏尔摩斯不假思索地说道。这种对大多数人无法把握的复杂性的一眼看透不免有点让人恼火。

"我承认我还没看出来,"我说,"毕竟在三角形中的一个圆,如果不与其他圆重叠,又不像那样相切的话,那它就能再放大一些。"

"对的,"夏尔摩斯说,"但这只是证明了相切条件的必要性,而非充分性。"

"这一点我注意到了,夏尔摩斯。但是——三个圆还能怎样排列呢?"

"当然还有其他相切的方式。比如,何生,你考虑过像等边三角形那样的最简单情况了吗?"

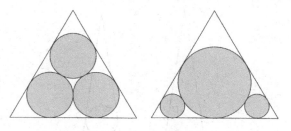

在等边三角形中，两种可能的排列方式

"第一种，"夏尔摩斯说，"是马尔法蒂的排列方法，见上面左图。但右图又怎样呢？同样地，没有圆可以再放大了，但它们相切的方式不同。两个小圆和大圆相切，但小圆之间不相切。相反，每个圆与三角形的两条边都相切。"

我盯着图看了一会。"看上去，第一种排列方式的圆面积更大。"

他笑了起来。"何生，这只能说明，我们的眼睛太容易上当了。假设等边三角形的边长为1个单位，那么马尔法蒂排列的圆的面积是0.315 67，而另外一个的面积是0.319 97，比前者要大那么一点点。"

有时夏尔摩斯的博学会让人目瞪口呆。"差异虽小，夏尔摩斯，但意义重大。马尔法蒂错了。"

"确实如此，何生。而且马尔法蒂的排列与最佳排列的差异有时候可能更显著。比如，如果是细长条的等腰三角形，那么最佳排列是三个圆一个叠一个地摆放，它们的面积几乎是马尔法蒂排列的两倍。"

他停顿了一下，把碎了的长尾巨松鼠足迹标本从房间一头扔进了另一头的火炉。"不无讽刺的是，"他接着说，"马尔法蒂的排列从来不是最优的。贪婪算法——先在三角形中尽可能最大地放置一个圆，然后在剩下的区域中再尽可能最大地放置第二个圆，最后对第三个圆也是如此操作——总是更胜一筹，并能找到正确答案。"

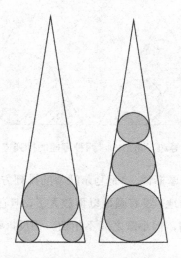

细长的等腰三角形（左图：马尔法蒂排列；右图：最优排列）

更多信息参见第291页。

<h1 style="text-align:center">二次剩余</h1>

完全平方数都是以0, 1, 4, 5, 6或9结尾的。它们不可能以2, 3, 7或8结尾。事实上，一个数的平方的最后一位数字只取决于这个数的最后一位数字：

如果一个数以0结尾，那么它的平方以0结尾。

如果一个数以1或9结尾，那么它的平方以1结尾。

如果一个数以2或8结尾，那么它的平方以4结尾。

如果一个数以5结尾，那么它的平方以5结尾。

如果一个数以4或6结尾，那么它的平方以6结尾。

如果一个数以3或7结尾，那么它的平方以9结尾。

数论学家更喜欢用整数模m的方式来描述这类效应。如果模数是10，那么需要考虑的数只有0到9，也就是任何数除以10后可能的余数。它们的平方模10后的余数分别为：

$$0\ 1\ 4\ 9\ 6\ 5\ 6\ 9\ 4\ 1$$

这与之前一个数的平方的最后一位数字的规律说的是一回事。

除了最开始的0，平方数模10的余数列表是对称的：1, 4, 9, 6在5之后顺序反了过来，成为了6, 9, 4, 1。对称产生的原因是，n和$10-n$的平方对于模10同余。确实，$10-n$和$-n$对于模10同余，并且$n^2=(-n)^2$。因此，上面这四个数在列表中出现了两次，0和5各只有一次，而2, 3, 7, 8根本没有出现。这不怎么民主，但事情就是这样。

如果我们使用其他模数又会怎样呢？一个数的平方除以该模数得到的余数，被称为**二次剩余**。剩下的数被称为**二次非剩余**。

举例来说，假设模数为11。那么小于11的数的完全平方数分别为

$$0\ 1\ 4\ 9\ 16\ 25\ 36\ 49\ 64\ 81\ 100$$

它们模11后得到

$$0\ 1\ 4\ 9\ 5\ 3\ 3\ 5\ 9\ 4\ 1$$

所以模11的二次剩余为

$$0\ 1\ 3\ 4\ 5\ 9$$

而二次非剩余为

$$2\ 6\ 7\ 8$$

下面是个简表：

模数m	平方数模m	二次剩余
2	0 1	0 1
3	0 1 1	0 1
4	0 1 0 1	0 1
5	0 1 4 4 1	0 1 4
6	0 1 4 3 4 1	0 1 3 4

（续）

模数m	平方数模m	二次剩余
7	0 1 4 2 2 4 1	0 1 2 4
8	0 1 4 1 0 1 4 1	0 1 4
9	0 1 4 0 7 7 0 4 1	0 1 4 7
10	0 1 4 9 6 5 6 9 4 1	0 1 4 5 6 9
11	0 1 4 9 5 3 3 5 9 4 1	0 1 3 4 5 9
12	0 1 4 9 4 1 0 1 4 9 4 1	0 1 4 9

乍看之下，除了之前提到过的几点，这个表没有别的什么明确规律。事实上，这正是该领域吸引人的地方：底下确实潜藏着一些规律，但需要深入挖掘才能发现。好几位伟大的数学家都曾在这上面花了不少精力，其中就包括欧拉和高斯。

当我们求一个数的平方时，我们把它自己乘自己，而说到乘法，数论中最重要的就是质数。因此，不妨从研究质数模开始，也就是上表中的2, 3, 5, 7, 11。模数2是一个特例：平方数模2可能的余数是0和1，而它们都是二次剩余。对于其他质数模来说，大约一半的余数是二次剩余，而另一半不是。更精确地说，如果p是质数，那么有$(p+1)/2$个不同的二次剩余，$(p-1)/2$个二次非剩余。二次剩余通常来自两个不同的数的平方，即适当n的n^2和$(-n)^2$。不过，0只能来自一个数的平方，因为$-0=0$。

合数模则让事情变复杂。现在，同一个二次剩余有时候可以来自两个以上的数的平方。比如，对于模8，1是1, 3, 5, 7四个数的平方的二次剩余。要搞清楚这个问题的最好办法是使用近世抽象代数，但这里我们不妨再看一下模15。15有两个质因数：15=3×5。相应的平方数模15余数为：

n	0	1	2	3	4	5	6	7	8	9	10	11	12	13	14
n^2	0	1	4	9	1	10	6	4	4	6	10	1	9	4	1

所以模15的二次剩余是：

$$0=0^2$$
$$1=1^2; \ 4^2; \ 11^2; \ 14^2$$
$$4=2^2; \ 7^2; \ 8^2; \ 13^2$$
$$6=6^2; \ 9^2$$
$$9=3^2; \ 12^2$$
$$10=5^2; \ 10^2$$

其中有的余数出现了一次，有的两次，有的四次。出现次数少于四次的数，都是能被3或5整除的数的平方，而3和5都是15的质因数。所有出现四次的数，其平方数对于模15同余。

对于任意形为pq（p和q是不同的**奇质数**）的模数，上述模式都成立。对于0到$pq-1$的数，如果它们不能被p或q整除的话，那么它们属于某个四个元素的集合之一，而每个这样的集合有着同一个二次剩余。（如果质因数里面包含了2，这个模式就不成立了：比如10=2×5，我们从前表中可以看到，其平方数的模10余数要么成对出现，要么单独出现。）

在代数中，我们知道每个正数有两个平方根：一个为正，另一个为负。但在模pq的算术中，绝大多数的数（它们不能被p或q整除）有着四个不同的平方根。

这一奇特的性质有着一项了不起的应用，接下来我们就来看看。

通过电话抛硬币

假设爱丽丝和鲍勃想玩一个抛公平硬币的游戏。正如我们之前所知（参见第131页），爱丽丝住在爱丽丝泉，而鲍勃住在鲍勃顿。他们能通过电话来玩这个游戏吗？这里最大的障碍与玩扑克时一样。如果爱丽丝抛了一次硬币，或等价地，做了一件有均等概率结果的事情，然后把结果告诉对方，鲍勃无从知道她是不是说了实话。现如今他们可以通过Skype

看着对方抛硬币，但即便如此，一方还是可以通过事先录好几段抛硬币的视频，然后选一个发出去来作弊。

抛硬币就像玩一副只有两张牌的扑克，因此他们可以通过第131页描述的方法来沟通。但还有一种更优雅的方法来实现相同的目的，那就是使用二次剩余。接下来让我们看看它是如何实现的。

首先，爱丽丝选取两个大的奇质数，p和q。这两个数只有她自己知道，随后她把p和q的乘积n告诉鲍勃。你可能会想，鲍勃可以通过质因数分解n来得到p和q，但到目前为止，当n足够大（比如p和q各有一百位）时，还没有实用的方法可快速得到p和q。即使用已知最快的算法在最快的计算机上运行，这个过程所需的时间也比整个宇宙的寿命还长。因此，鲍勃无从知道是哪两个质数相乘得到了n。不过，有一些很快的方法能检验某个一百位的数是否是个质数，所以爱丽丝可以通过试错找到p和q。

然后，鲍勃随机选取一个整数$x \pmod n$，这个数他秘而不宣。

如果他非常小心谨慎的话，他可以快速检验一下x是否为p和q的倍数：当然，不是直接用p和q来除x，因为他并不知道这两个数，而是用欧几里得算法（参见第108页）求得x和n的最大公因数。如果结果不是1，那么他就知道了p或q，这样他必须重新选取一个x，并重复这个过程。但实际上，他并不需担心这一点，毕竟当p和q有一百位时，随机选取的x能被p或q整除的概率为2×10^{-100}。

现在，鲍勃可以很快地计算出$x^2 \pmod n$，并把结果告诉爱丽丝。他们事先约定，如果爱丽丝能很快地推算出x或$-x$，那么她就获胜。否则，她就输了。

根据上一篇的讨论，爱丽丝知道，对于0到$pq-1$的数，如果它们不能被p或q整除的话，它们有四个平方根。由于x和$-x$的平方相同，所以四个平方根分别形为a, $-a$, b, $-b$。爱丽丝知道p, q和$x^2 \pmod n$，这让她可以很快地算出这四个平方根。其中两个是鲍勃选取的x和$-x$，另两个则不是。

因此，爱丽丝有50%的机会猜中±x——这与抛公平硬币的概率是一样的。她选取四个根中的一个，比如b，把它告诉鲍勃。

最后，鲍勃告诉爱丽丝是否$b=±x$；也就是说，告诉她是否猜对了。

啊哈——但我们如何阻止鲍勃作弊呢？鲍勃又如何知道爱丽丝是按要求做的呢？

无论是否$b=±x$，鲍勃都可以放心，爱丽丝是按要求计算出了b^2 (mod n)。这应该与计算x^2 (mod n)是一样的。

如果爱丽丝输了，通过让鲍勃告诉自己n的质因数p和q，她就可以确认对方没有撒谎。在正常情况下，鲍勃要知道p和q是不可能的，但**如果爱丽丝输了**，那么鲍勃就知道了x^2的**所有四个**平方根，而通过一个数论技巧，他可以从这些信息中快速计算出p和q。事实上，$a+b$和n的最大公因数是那两个质数之一，而这同样可以通过欧几里得算法得到。另外一个质数，则可以通过除法得到。

如何消除不想要的回声

二次剩余可能看起来是高深的纯数学研究的典型：一种智力游戏，却毫无实际用处。但我们不能仅仅因为一个数学思想不是明显源自日常生活的实际问题就认为它毫无用处。同样地，我们也不能认为日常生活就如它表面看上去的那样简单。就算超市里看起来简简单单的一罐果酱，这当中也涉及玻璃瓶的制作、甘蔗或甜菜的种植、食糖的提炼……然后你很快还会遇到抗病虫水果的统计假设检验，以及用来运输原材料或制成品的船只的设计等问题。在一个拥有70亿人口的世界中，大规模食品生产并不是采些蓝莓然后把它们加糖煮成酱那样简单。

的确，最初想出这些数学思想的数学家并不是旨在解决某个具体应用问题，他们只是认为二次剩余的概念很有意思。但他们也坚信，理解这些概念将可能为人类增添一种强有力的数学工具。应用人员终究不可能使用尚不存在的工具。并且，尽管等遇到一个应用问题再发明合适的工具似乎很说得通，但如果真那样做，我们可能至今还住在山洞里。"为什么你要浪费时间拿石头敲石头，乌格？你应该像其他男孩那样拿木棒去敲猛犸象的头。"

事实上，二次剩余有很多不同的用途。其中我最喜欢的用途之一是用它来帮助设计音乐厅。当音乐被平的天花板反射时，产生的清晰回声会扰乱音响效果，结果通常是令人不适的。但另一方面，如果天花板完全把声音给吸收了，这又会使人感觉音乐像是死的。为了获得良好的音响效果，天花板需要能反射声音，但最好是扩散反射较宽范围内的声音而不只是一个尖锐的回声。所以建筑师在天花板上装配了扩散体。但问题是：扩散体用什么形状好呢？

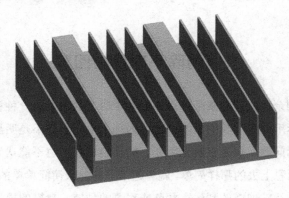

模11的二次剩余扩散体

1975年，曼弗雷德·施罗德发明了一种由一系列平行凹槽组成的扩散体，凹槽的深度源自某个质数模的二次剩余序列。比如，假设这个质数是11。正如我们之前所见，0到10的平方模11之后的余数分别为：

0 1 4 9 5 3 3 5 9 4 1

对于更大的数，这几个数会在序列中周期性出现。并且它们是对称的（沿两个3之间的对称轴），因为x^2和$(-x)^2$对于模任意质数同余。试比较上面的扩散体形状与下面的二次剩余直方图。注意到在这个例子中，凹槽的深度是由固定的深度**减去**余数得到的。但这在数学上没什么太大影响。

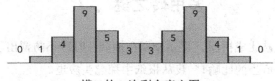

模11的二次剩余直方图

那么二次剩余有什么特别之处呢？声波的一个特征值是它的频率：声波每秒振动的次数。高频声波音调高，低频声波音调低。与此相关的另一个特征值是波长：相邻两个波峰之间的距离。高频声波波长短，低频声波波长长。给定波长的声波，会在表面尺寸与波长相仿的腔体内产生共鸣。因此，不同频率的声波在碰到物体表面时，其反应是不一样的。

但二次剩余扩射体有一个非常棒的数学性质：不同频率的声波对其反应是一样的。从技术上说，其傅里叶变换在一定频率范围内保持不变。于是施罗德指出了一个重要推论：这种形状会以同种方式反射一定范围内不同频率的声波。在实际使用时，凹槽的宽度被设计成避免反射人耳听不到的波长范围，而其深度则被设计成与宽度相关的多个二次剩余序列。

当凹槽是平行的时，如前面的图所示，声波只会向凹槽两侧、与凹槽走向垂直的方向扩散反射。而当把凹槽纵横交错设计时，这个基于二次剩余的网格便能够将声波向各个方向扩散反射。这种扩射板我们常常能在录音工作室里见到，它们可以帮助改善声音平衡，并消除额外的噪声。

所以尽管当初欧拉和高斯并不知道他们的发现将会有什么用，或甚至是否会有用，但当你聆听音乐时（无论是古典乐、爵士乐、乡村音乐、摇滚乐、嘻哈音乐、重金属或其他任何你喜欢的），二次剩余其实常常在幕后发挥着至关重要的作用。

更多信息参见第292页。

多用砖之谜

"破案常被比成拼图。"夏尔摩斯在抽烟斗时冷不防冒出了这样一句。

"这是个恰当的比喻！"我从报纸中探起头应道。

他狡黠地笑了起来。"但其实并非如此，何生。恰恰相反，这个比喻很糟糕。在调查罪案时，我们并不知道图块都是什么，也不确信这些图块是否齐全。连问题都不知道是什么，我们又怎能确信答案是什么呢？"

"夏尔摩斯，显然只要足够多的已知图块拼出一副精致的图案，事情就会变得一目了然。"

他叹了口气。"但是何生啊，可能存在如此多图块、如此多图案。想要确定哪一个才是对的，需要某种……道可道，非常道，我不知道该如何表达。"

正在此时，随着一阵敲门声，一位女士冲了进来。

"比阿特丽克斯！"我叫道。

"噢，约翰！它被偷走了！"说着，她冲到我的怀里，啜泣起来。我尽我所能去安慰她，尽管老实说，我自己的心跳得飞快。

过了一会儿，她恢复了平静。"夏尔摩斯先生，请您帮帮我！那是我过世的母亲留给我的红宝石坠子。今天早上我想找它时，却发现它不见了！"

"亲爱的，请不要担忧。"我拍拍她的肩膀，安慰道，"夏尔摩斯和我会抓住小偷，帮你找回失物的。"

"你是坐计程马车来的吗？"夏尔摩斯问道。

"是的。它还在外面等着呢。"

"那我们马上去现场勘查一下。"

经过半小时扫视地面、检查角落、搜索门阶和花坛后，夏尔摩斯摇了摇头。"没有外人闯入的迹象，西普希尔小姐。不过，在你的珠宝盒上，有一些细小的刮痕。很新，而且不是你弄的，这是一个左撇子留下的痕迹。"他放下盒子，继续说道，"最近有陌生人来过你家吗？比如，工人？"

"没有……哦！泥瓦匠！"

两个自称是泥瓦匠的人曾上门推销翻新浴室。"这是新的流行式样，夏尔摩斯先生。白色方砖打底，然后上嵌蓝色图案，由形状更复杂的砖拼成。丁沃斯家上个月刚完工，父亲——"她说不出话来，泪水在眼眶里直打转。我握住了她的手。

"你经常雇用这样上门的不认识的工人吗？"夏尔摩斯问道。

"为什么这样说，当然没有，夏尔摩斯先生。通常我们只与信誉良好的公司打交道。但它们近几个月活都满了。而且这两个人看起来挺老实正派的。"

"他们看起来都这样。你有让他们中的任何一个人独自干活吗？"

她想了想。"有过的。在师傅给我看图案小样时，他徒弟一个人在浴室里量尺寸。"

"有了充裕的时间去偷一件小巧而贵重的物品。他们很聪明：不贪大件，这样失主不会很快发现家里少了东西。他们留下什么书面文件了吗？"

"没有。"

"他们从那以后有回来过吗？"

"也没有，我还在等他们给我这项工程的书面报价呢。"

"我敢说，不会有什么报价了，小姐。这是那一行里所谓'声东击西盗窃'的典型手法。"

在接下来的一周里，又有几位女士带着类似的故事到夏尔摩斯这里寻求帮助。工人的样貌各不相同，但夏尔摩斯并不感到意外。"他们乔装改扮了。"

案情在第十三桩案子中有了突破，那是在阿梅莉亚·福瑟维尔太太家。夏尔摩斯发现在浴室门上有一小块黏泥巴，泥巴里还有一块小骨头。泥巴的成分以及骨头的类型将线索指向了阿尔伯特码头后面那片迷宫一样的小弄堂中的一所脏兮兮的后院，它旁边是一家沙丁鱼罐头厂。

"我们现在就闯进去寻找证据？"说着，我摸了一下配枪。

"不行，这可能会打草惊蛇。我们先回贝克街重新梳理一下案情。"

回到他的住所，我们开了瓶酒。"告诉我，何生，"他问道，"这些贼有什么共同点？"我把想到的告诉了他。"非常好。但你忘了最关键的一点。那就是图案。显然你已经把它们都记录下来了吧？"

我取出笔记本。上面写道：

- ❑ 沃顿太太：三块砖拼出一个等边三角形。
- ❑ 比阿特丽克斯：四块砖拼出一个正方形。
- ❑ 美柯匹斯小姐：四块砖拼出一个有正方形洞的正方形。
- ❑ 克兰弗德双胞胎：四块砖拼出一个有长方形洞的长方形。
- ❑ 伯德赛德太太：四块砖拼出一个凸六边形。
- ❑ 普罗波特太太：四块砖拼出一个凸五边形。
- ❑ 康宁汉女士：四块砖拼出一个等腰梯形。
- ❑ 威尔伯福斯小姐：四块砖拼出一个平行四边形。
- ❑ 麦克安德鲁太太：四块砖拼出一个风车。
- ❑ 塔欣厄姆太太：六块砖拼出一个有六边形洞的六边形。
- ❑ 布朗小姐：六块砖拼出一个三个角被切掉的等边三角形。
- ❑ 詹金-格拉斯沃斯女爵士：十二块砖拼出一个有正十二角星洞的正

十二边形。

□ 福瑟维尔太太：十二块砖拼出一个有十二角星洞的正十二边形，
里面的十二角星像圆锯的锯片。

"记得很不错。"夏尔摩斯说，"我想，是时候派贝克街侦察小分队去给鲁兰德督察带个话儿，请他突击检查一下阿尔伯特码头的那处住所了。"

"你预期警察会找到些什么？"

"回忆一下，何生，每位女士都告诉我们，图案是由许多一模一样的砖拼成的。"

"对。"

"但是图案各式各样，这表明，尽管每个图案可以用同一种形状的砖拼出，但不同的图案需要不同形状的砖。女士们只能用'不规则'来形容砖的形状，所以我们没有证据表明每个图案用的是同一种形状的砖。因此，我料想警察会找到十三箱形状各异的砖，对应于每种图案。"

几小时后，肥皂泡太太上楼来，说道："夏尔摩斯先生，鲁兰德督察来了。"

督察带着一名扛着个箱子的警员走进了屋子。"我已经把嫌疑人拘留了。"他说。

"'耗子'罗兰·克拉岑贝格和'虫脸'麦金蒂。"

"是的，但究竟你是怎么——哦，不管它了。我可以拘留他们二十四小时。但目前掌握的证据还不充分。"

夏尔摩斯看起来很吃惊。"你确信找到所有装砖的箱子了吗？或者这箱只是装着样品？"

督察摇了摇头。"不，这就是全部了。"

夏尔摩斯走过去打开箱子，里面有十二块一模一样的砖。"噢。"他似乎有点失望。

"看起来这案子要不成立了，"我大着胆说道，"我不信只用一种形状的砖就能拼出这么多种不同的图案。"

但夏尔摩斯突然兴奋起来。"你可能是对的，"他说，"除非……"他取出直尺和量角器，开始测量起了砖。

不一会儿，他脸上掠过一丝笑容。"聪明!"他自言自语道，"太聪明了。"然后他转过身对我说："何生，我刚才真是愚蠢至极，在我本该持开放态度的时候却**先入为主**了。你还记得在比阿特丽克斯进来之前我们谈论的话题吗？"

"呃——拼图。"

"没错。这个案子的关键就在这个我迄今为止见到的最精巧的拼图之一。看看这砖。"

"它看上去只是个非常普通的四边形。"我说。

"不，何生：它是个非常不普通的四边形。让我来分析给你看。"说着，他画了一幅图。

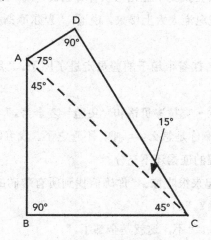

多用砖（虚线为辅助线）

"AB和BC相等，△ABC是直角三角形，因此，∠BAC和∠BCA等于45度。"夏尔摩斯解释道，"∠ACD等于15度，因此，∠BCD等于60度。∠ADC同样是个直角，因此，∠CAD等于75度。"

督察和我仍然没有明白。夏尔摩斯递给我四块砖，说道："何生，试着用它们拼出个精致的图案来。或者借用你之前的类比，就像一名侦探试着把各条线索拼凑起来，得到一个合理的推理。"

"我可以把它们翻面吗？"

"这是个很好的问题！是的，这些砖随你怎么翻。"

我尝试了会儿。突然，我眼前一亮。"夏尔摩斯！它们可以拼出一个正方形——比阿特丽克斯的图案！真漂亮！"

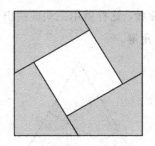

何生的拼法

夏尔摩斯看了一眼我拼出的图案。"确实如此。你现在仍然认为，一个足以涵盖多条线索的合理解释，构成了对犯人的决定性证据？"

"否则证据怎么会如此严丝合缝，夏尔摩斯？"

"怎么会？"——我意识到他其实是在反问——"你的论证中有个洞，何生。"看我没回答的意思，他继续说，"让我们把洞去掉。"他伸手重排了一下，拼出了一个完全的正方形。

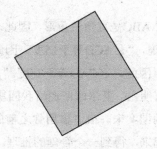

夏尔摩斯的另一种拼法

"噢，"我顿时脸红了，"**这才是比阿特丽克斯的图案。**"

"我想也是。不过别沮丧：你拼出的是美柯匹斯小姐的图案。"

我似乎意识到点什么。"你认为这种砖能拼出所有十三种图案？"

"我确信它可以。你看，这样就用三块砖拼出了沃顿太太的图案，一种有三角形洞的等边三角形。"

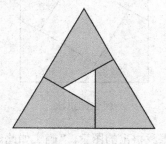

第三种拼法

"天呐，夏尔摩斯！"

"这是种相当多用途的砖，"他应道，"多亏了其巧妙的几何特性。"

"那接下来我们要做的就是——"我刚说。

"——找到另外十种图案的拼法！"鲁兰德随即接了过去。

夏尔摩斯开始清理起他的烟斗。"我相信这个任务可以交给你们完成。"

那天晚上，我叫了辆马车去比阿特丽克斯父亲的家，顺路在珠宝店取了件东西。她在客厅招待了我。

我把一个长盒子放在桌上。"亲爱的，请你打开它。"

她迟疑地伸出手，可爱的脸上充满了期待。

"噢！约翰，你找回了我的坠子！"她抓住我的手，"我该如何谢你才好？"然后她突然沉默不语。"但——**这个不是我的**。"她从盒子里取出一件闪闪发光的珠宝，"这是一枚订婚戒指。"

"没错。但这**可以**是你的。"说着，我单腿跪了下来。

你能拼出另外十种图案吗？详解参见第292页。

꧁ **Thrackle 猜想** ꧂

图是由线段（边）相连的点（节点）的集合。当我们在平面上画一幅图时，边时常会相交。1972年，约翰·康威定义了一种称为thrackle的图，这种图画在平面上，其中任意两条边如果在某个节点相交则在其他地方不相交，或者如果不在节点相交则在其他地方只相交一次。这个名字据说源于一位苏格兰渔夫抱怨自己的鱼线缠（thrackled）在了一起。

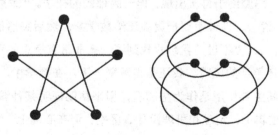

两种thrackle

上图展示了两种thrackle。左边的由五个节点和五条边组成，而右边的有六个节点和六条边。康威猜想，对于任何thrackle，边的数目小于等于节点的数目。他悬赏一瓶啤酒，奖励给首先证明或证否这个命题的人。但很多年过去了，这个谜题一直没有解决，而奖金也升至了1000美元。

　　上面的两个thrackle都是闭环（节点都在一个圈上）。现在已知，任何节点数$n\geq5$的闭环都可以画成一个thrackle。所以如果猜想成立，只要节点数$n\geq5$，边的数目E都可以等于节点数n。保罗·埃尔德什证明了，对于任何由直边相连的图，这个猜想是成立的。目前，边的数目E的最佳上界是由拉多斯拉夫·富莱克和亚诺什·保奇在2011年做出来的：

$$E \leqslant \frac{167}{117}n$$

更多信息参见第292页。

与恶魔做交易

　　有位数学家，苦于花了十年时间都证明不了黎曼猜想，最终决定出卖自己的灵魂，向恶魔换取一份证明。恶魔答应在一个礼拜内给他一份证明，但他食言了。

　　一年后，恶魔终于再次出现，但一脸郁闷的样子。"非常抱歉，我也证明不了。"说着，他伸手要把灵魂还给数学家。然后突然他停了下来，似乎想到了什么。"不过，我想我找到了一条非常有意思的引理……"

　　冒着破坏笑话的风险，我还是得解释一下，在数学中，引理是指一个小命题，其主要作用是作为垫脚石，用来帮助证明某种够称得上定理的命题。在逻辑上，定理和引理没什么区别；但在心理上，"引理"一词意味着，已取得的证明只是向真正的目标踏出了一小步——

　　我的外套在哪，我怎么感到有点冷。

❧ 非周期性密铺 ❧

许多不同的形状都可以不留空或不重叠地铺满平面。具有这种特性的正多边形只有等边三角形、正方形和正六边形。

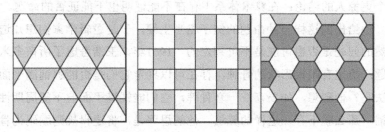

能铺满平面的三种正多边形

一些不那么规则的形状也可以铺满平面，比如下图中的七边形。它是将一个正七边形的三条边向内折，然后将重叠的部分去掉后得到的形状。

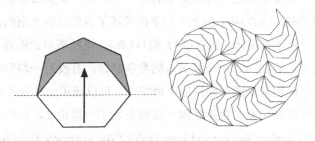

左图：如何从正七边形得到可以铺满平面的七边形；右图：螺旋密铺

正多边形的密铺具有**周期性**。也就是说，它们在两个不同的方向无限重复，就像墙纸模式那样。螺旋密铺则是非周期性的。不过，前面提到的七边形也**能**周期性地铺满平面。

这是怎么做到的呢？详解参见第293页。

那么有没有可以铺满平面但不能周期性地密铺的形状呢？这个问题与数理逻辑紧密相关。1931年，库尔特·哥德尔证明了在算术体系中存在不可判定的问题：这些命题没有算法可以确定它们的真伪。（算法是指一个系统化过程，在得到正确答案时会自动停止。）他的定理可以引出另一个更惊人的结论：在算术体系中存在不能证明也不能证否的命题。

他给出的这样一种命题的例子相当生硬，于是逻辑学家们想知道更自然的问题是否也可能是不可判定的。1961年，王浩考虑了所谓多米诺问题：给定有限种形状的骨牌，存在可以判定它们是否能够铺满平面的算法吗？他猜想，如果存在一套骨牌，它们能铺满平面但不能周期性地密铺，那么就不存在这样的算法。他的思路是，将逻辑规则编码为骨牌的形状，然后使用类似哥德尔的那个结论。这种思路奏效了：1966年，王浩的学生罗伯特·伯杰发现了这样一套骨牌（共有20 426种），从而证明了多米诺骨牌问题确实是不可判定的。

两万多种不同的形状的确有点多。伯杰随后把数目降低到了104种，接着汉斯·劳奇里又把它降低到了40种，拉斐尔·罗宾逊则把形状进一步减少到了6种。1973年，罗杰·彭罗斯发现了我们现在所谓的彭罗斯密铺（参见《数学万花筒（修订版）》第111页），将所需形状的数目降低到了只有两种。这留下了一个吸引人的数学谜题：有没有**一种**形状的瓷砖能够铺满平面但又不能周期性地密铺呢？（可以使用这种瓷砖的镜像。）2010年，乔舒亚·索科拉尔和琼·泰勒发表了一篇论文，认为答案是肯定的。参见：Joshua Socolar and Joan Taylor, "An Aperiodic Hexagonal Tile," *Journal of Combinatorial Theory Series A* 118 (2011) 2207–2231.

下图就是他们给出的形状。这是一种"带图案的六边形"，需要遵循额外的"匹配规则"，并且它与它的镜像不同。图案必须如下图所示的那样拼凑。

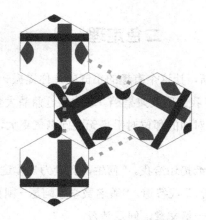

四块索科拉尔–泰勒瓷砖演示匹配规则

接下来的这个图截取了密铺后的中心区域。你可以发现它并不是周期性的。论文解释了为什么这样的密铺可以铺满整个平面，以及为什么得到的结果**不可能**是周期性的。具体细节可以参见他们的论文。

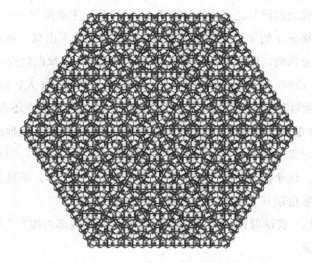

铺满索科拉尔–泰勒瓷砖的中心区域

二色定理 🔍

"哈，夏尔摩斯，让这个有趣的小谜题让你提振一下情绪吧。"我把《每日通讯》扔给了我的朋友兼搭档。这位几近鼎鼎大名的侦探最近被抑郁所折磨，因为街对面的那位对手毫无疑问名气更大，而且他可能还没有翻身的希望。

他不屑地把报纸扔还给我。"何生，我没力气读这些。"

"那我念给你听，"我答道，"著名数学家阿瑟·凯莱在《皇家地理学会会刊》上发表了一篇文章，问及是否——"

"是否一张地图能用至多四种颜色上色，并使得相邻区域之间的颜色不同。"夏尔摩斯打断了我，"这是一个历史悠久的问题了，何生，我怕我们在有生之年里都不会看到答案。"我没有接茬，期待着他自己能振奋起来，因为这是他一周以来说出的最长一句话了。我的计策奏效了，因为在一阵尴尬的沉默之后，他继续说道："在我出生前两年，一个名叫弗朗西斯·格思里的年轻人提出了这个问题。自己解不出来，他就请弟弟弗雷德里克帮助，因为弗雷德里克是奥古斯塔斯·德摩根教授的学生。"

"哦，他呀。"我插话道，因为对于这位受人尊敬的怪人、《数学奇想录》的作者以及数学谬论毫不留情的批判者，我跟他的家族还有点相识。

"德摩根也没有取得任何进展，"夏尔摩斯接着说，"于是他向伟大的爱尔兰数学家威廉·罗恩·汉密尔顿爵士提出了这个问题，但对方没有什么兴趣。这个问题沉寂了许多年，直到凯莱重提此事。不过为什么他要选择在那份期刊上提出这个问题，我是毫无头绪。"

"可能，"我试着说，"因为地理学家对地图比较感兴趣？"但夏尔摩斯并不同意。

"并不是这样的。"他解释道，"地理学家会基于政治考量来给地图上色。相邻并不会影响对颜色的选择。比如，肯尼亚、乌干达和坦噶尼喀三个地区是邻接的，但在大英帝国的地图上，它们都是粉色的。"

我承认事实的确如此。如果不是这样，我们尊敬的女王陛下可不会高兴的。"但是，夏尔摩斯，"我坚持道，"这仍然是个吸引人的问题，而迄今无人能解更让它平添许多吸引力。"

夏尔摩斯不为所动。

"让我们来试试吧。"说着，我快速画了幅地图。

"奇怪，"夏尔摩斯说，"为什么你把每个区域都画成了圆？"

"因为任何没有洞的区域在拓扑上等价于圆啊。"

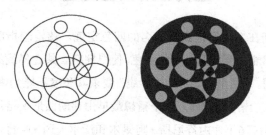

何生的地图及其上色

夏尔摩斯把嘴一撅。"但即便如此，何生，这也是个糟糕的选择。"

"为什么？我觉得还——"

"何生，很多事情你觉得如此，但很少实际上如此。尽管任何单一区域在拓扑上等价于圆，但某些两个或以上区域重叠的方式，用两个或以上圆是无法实现的。比如，你的这张地图只需要两种颜色就够了。"说着，他把大约一半的区域涂上了阴影。

"好吧，没错，但我相信如果这类地图再复杂一些——"

夏尔摩斯摇了摇头。"不，不，何生。任何全部由圆形区域组成的地图，无论区域大小如何、重叠方式如何，都只需要两种颜色。前提是，

'相邻'意味着两个区域拥有一条公共边界线，而不是孤立的几个点，这也是这类问题的一般要求。"

我惊得合不拢嘴。"**二色**定理！真难以置信！"我看到夏尔摩斯只是耸了耸肩，便接着说，"但我们如何证明这个定理呢？"

夏尔摩斯随即靠回椅子上。"你是知道我的方法的。"

详解参见第293页。

空间中的四色定理

夏尔摩斯在上一篇提到了著名的四色定理。该定理指出，任何在平面上的地图都能用至多四种颜色上色，使得拥有公共边界线的相邻区域之间的颜色不同。（这里的"公共边界线"要求其长度不能为零；也就是说，只有一点相接的情况不算。）这个猜想最早由弗朗西斯·格思里在1852年提出，但直到1976年才由肯尼斯·阿佩尔和沃尔夫冈·哈肯借助大量计算机辅助计算得到证明（参见《数学万花筒（修订版）》第9页）。此后，他们的证明被简化，但利用计算机进行大量常规却复杂的计算仍是不可或缺的。

对于在空间中的"地图"，是不是也有类似的定理呢？现在，"区域"是实心球。稍作思考后可知，这样的地图可能需要任意多种颜色。比如，假设你想构造一种需要六种颜色的地图。先从六个不同的球开始考虑。让球1延伸出五条触角与球2、3、4、5和6相接。然后让球2延伸出四条触角与球3、4、5和6相接。接着是球3，依此类推。这样每个带触角的球都与另外五个球相接，所以它们都必须分别用不同的颜色。如果你用一百个球来构造，那就需要一百种颜色；一百万个球，就需要一百万种颜色。简言之，所需颜色数量是没有上限的。

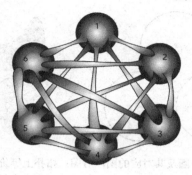

需要六种颜色的空间中的"地图"

2013年，巴斯卡尔·巴格奇和巴苏德·达塔意识到故事并没有就此结束。参见：Bhaskar Bagchi and Basudeb Datta, "Higher Dimensional Analogues of the Map Coloring Problem," *American Mathematical Monthly* 120 (October 2013) 733–736. 试想现在"地图"由平面上有限多个的圆盘组成，这些圆盘要么不重叠，要么只在公共点相接。假设你想对这些圆盘上色，并使得**相接**的圆盘具有不同的颜色。你需要多少种颜色呢？结果表明答案也是"至多四种"。

事实上，这个问题本质上与四色定理是等价的。四色定理的问题可以重新表述为，为平面上的图（其中边与边不相交）的节点上色，并使得由一条边相连的两个节点的颜色不同。只需用一个节点代表地图上的一个区域，并在两个节点之间画一条边，如果对应的两个区域之间有公共边界线。可以证明，任何平面上的图都可以通过适当选取一套圆，然后把相接的圆的圆心连起来后得到。下面是一个例子，左边是一套需要四种颜色的圆及其对应的图，右边则是与该图在拓扑上等价的、**也**需要四种颜色的地图。

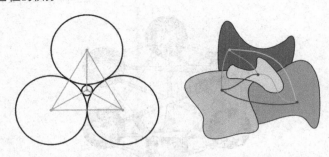

左图：四个圆及其对应的图；右图：拓扑上等价的地图

通过用球体替换圆盘，我们可以自然地把圆盘构造扩展到三维空间。同样地，这些球体要么不重叠，要么只在公共点相接。假设你想对这些球体上色，并使得相接的球体颜色不同。你需要多少种颜色呢？巴格奇和达塔解释了为什么所需颜色不少于五种且不多于十三种。确切数目目前仍是个数学疑案。

你也可以证明至少需要五种颜色，知道怎么做吗？详解参见第295页。

古怪的积分

本篇需要用到一些微积分知识。指数函数e^x的积分等于它自己：

$$e^x = \int e^x$$

其中$\int$代表积分符号。因此，

$$(1 - \int)e^x = 0$$

$$e^x = (1 - \int)^{-1} 0$$

$$= (1 + \int + \int^2 + \int^3 + \int^4 + \cdots)0$$

$$= 0 + 1 + x + \frac{x^2}{2} + \frac{x^3}{6} + \frac{x^4}{24} + \cdots$$

$$= 1 + x + \frac{x^2}{2!} + \frac{x^3}{3!} + \frac{x^4}{4!} + \cdots$$

这个计算看上去根本说不通。且说第一行正确的写法应该是 $e^x = \int e^x dx$。而后面有一步用到了几何级数求和公式（将y替换成$\int$）：

$$1 + y + y^2 + y^3 + y^4 + \cdots = (1-y)^{-1}$$

这个公式在y是一个小于1的数时成立。但$\int$甚至不是个数，只是个符号。多么荒唐！

但尽管如此，最终结果是e^x**正确**的指数级数表达式。

这并非巧合。通过恰当的定义（比如，将$\int$定义为一个算子，将函数变换为其积分，而"几何级数"求和公式在适当的技术条件下，对算子也是成立的），这一切便可完美地合乎逻辑。只是它看上去确实很古怪。

埃尔德什差异问题

保罗·埃尔德什

保罗·埃尔德什是一位行为怪异但才华卓越的匈牙利数学家。他不置房产，也没有固定的学术职务，而是喜欢拎箱走天下，寄居在友善的同事家。他发表了1525篇数学研究论文，与511位数学家有过合作——这个记录迄今无人能及。他更喜欢发挥数学洞察力，而非创立系统化理论，并乐于解决那些表面看上去简单但实际上并非如此的问题。他的主要成就在组合数学领域，但对其他很多领域他也多有涉足。对于伯特兰假设（在n和$2n$之间必有一个质数），他给出了一个比帕夫努季·切比雪夫的解析型方法更简单的证明。他的另一项突出成就是给出了质数定理（小于x的质数的个数约为$x/\log x$）的一个初等证明，而此前人们唯一已知的证明路径是通过复分析。

他生前有个习惯，会设奖金悬赏求解那些他自己提出但又解决不了的问题。如果觉得问题相对容易，他可能就只出25美元；但如果他相信问题确实非常棘手，赏金可能高达几千美元。其中一个典型例子就是埃尔德什差异问题，奖金500美元。这个问题于1932年被提出，在2014年初得到解决。证明过程也是一个精彩的例子，说明今天的数学家是如何处理一些长久以来的疑难问题的。

问题始于一个只包含+1或−1的无限数列。它可以是规则的，比如

$$+1 \ -1 \ +1 \ -1 \ +1 \ -1 \ +1 \ -1 \ +1 \ -1 \ \ldots$$

也可以是不规则（"随机"）的，比如我通过掷硬币得到的数列

$$+1 \ +1 \ -1 \ -1 \ +1 \ -1 \ +1 \ -1 \ +1 \ \ldots$$

正号和负号的比例不需要相等。**任何数列都行。**

一种辨认出上面第一个数列是规则的而第二个数列是不规则的方法是，把前者的所有偶数项都取出来：

$$-1 \ -1 \ -1 \ -1 \ -1 \ \ldots$$

前n项的和会无限递减下去

$$-1 \ -2 \ -3 \ -4 \ -5 \ \ldots$$

对后者也这么做，我们得到

$$+1 \ -1 \ -1 \ +1 \ -1 \ \ldots$$

前n项的和则忽上忽下

$$+1\ 0\ -1\ 0\ +1\ \dots$$

假设我们任意选取一个特定的±1数列，并给自己设定一个正数C作为目标，C可以是任意大的一个数，比如十亿。埃尔德什问道，是否总是存在某个数d，使得以d为步长的那些项（即第d, $2d$, $3d$, …项）的和，在某一时刻要么大于C，要么小于$-C$。

在达到目标之后，接下去的和可以再回到C和$-C$之间：只需要达到目标一次就行。但重要的是，对于**任意**的目标C，都需要有一个适当的步长d。当然，d依赖于C。也就是说，如果数列是$x_1, x_2, x_3, \dots$，我们能否找到d和k，使得

$$|x_d + x_{2d} + x_{3d} + \cdots x_{kd}| > C\ ?$$

左边的和的绝对值被称为由步长d决定的子列的**差异**，它反映了正号数量超过负号（或者反过来）。

2014年2月，阿列克谢·利西特萨和鲍里斯·科涅夫宣布，如果$C=2$，那么埃尔德什差异问题的答案是肯定的。事实上，对于任何±1数列的前1160项，如果我们从中选取d步长的子列，并选取适当的k，那么子列之和的绝对值会超过$C=2$。他们的证明大量使用了计算机，程序输出的数据达13GB之多。这比当时维基百科的全部文本（10GB）还要多。显然这是迄今为止最长的证明之一，超出了人工验证的能力所及。

现在利西特萨正在试图为$C=3$寻找证明，但计算机尚未计算完毕。想到完全解决这个问题需要面对**任意**选择的C，目前的成绩似乎微不足道。但用计算机证明较小C的过程有可能揭示出一些新思路，让数学家得以做出一般化的证明。*另一方面，埃尔德什差异问题的答案可能是否定的。如果真是这样，那说明存在一个很有趣的±1数列，等待我们去发现。

---

* 2015年9月，陶哲轩给出了一个一般化证明，表明这个问题的答案是肯定的。论文参见：Terence Tao, "The Erdős Discrepancy Problem," *Discrete Analysis* 1 (2016) 1–29, arXiv:1509.05363。——译者注

古希腊积分案 🔍

　　尽管我朋友的调查能力主要被用在追查罪案上，但时不时地，它们也被用于学术领域。其中一个例子就是我们在1881年整个秋天进行的一项探寻，任务是由一位富有但隐居的古抄本收藏家委任的。借助从旧笔记上撕下的一页破纸、一盏灯笼、一串骷髅钥匙和一把大铁锹，夏尔摩斯和我发现了一块巨大的石板。撬开它之后，我们发现了一部旋梯，通往欧洲某所著名大学图书馆的一个地下密室。

　　夏尔摩斯研究了一会儿那张被水火洗礼过的破纸，解释道："它来自硬纸党的遗落古书。"

　　"又是他们！"此前，在硬纸盒子案（参见第22页）中他曾提到过这个名字，但没有多说。现在，我得要他说说究竟是怎么回事。

　　"那是一个类似共济会的意大利秘密社团，致力于民族主义事业，最终失败的1820年革命就与他们有关系。"

　　"我清晰记得那次革命，夏尔摩斯，但不记得有这个组织。"

　　"很少有人知道这只幕后黑手。"他又仔细看了看那张破纸，"几乎认不出上面具体写的是什么了，但不需要什么高深的数学知识，我们也能认出这是某种形式的斐波那契密码，先用达·芬奇镜像体重写，再变换成一个椭圆曲线上的有理数点序列。"

　　"连小孩子都能看出来。"我撒了个自己都不信的谎。

　　"是啊。现在，如果我们能正确读出这些符文，那我们就能在这些书架上找到我们想要的东西了。"

　　过了会儿，我问道："夏尔摩斯，我们到底要找什么？你一直没透露丝毫信息。"

　　"是某种非常危险的知识，何生。我没早跟你说，是不想让你过早地遇到危险。但现在，我们已经打入他们的圣殿了——哈哈！找到了！"我看着他取出一卷羊皮纸抄本，吹掉上面尘封了几百年的积灰。

"这究竟是什么东西，夏尔摩斯？"

"你带配枪了吗？"

"一直随身携带。"

"那么我可以放心地告诉你，我手里拿着的是……阿基米德重写本！"

"啊！"

我知道重写本是指已有文字的文档被擦干净，然后再被写上字。而利用它们，学者们有可能艰难复原出那些被擦去的内容，比如从一份14世纪某个不知名教派的僧侣名录上还原出以前未知的福音书。我也知道阿基米德，他是一位博学广知的古希腊几何学家。所以很显然，夏尔摩斯发现了某些以前未知的数学文本。但他催促我们应该马上离开，赶在宗教仇杀队到来之前。

回到相对安全的贝克街后，我们开始仔细研究文档。

"这是一部以前未知的阿基米德作品的10世纪拜占庭抄本。"夏尔摩斯说，"作品的名字可以粗略译为《论方法》，内容涉及这位几何学家在球体体积和表面积方面的重要工作。里面具体描述了他是如何得到那些公式的，从而让我们有机会一窥他的思维过程。"

我听得目瞪口呆，就仿佛离开了水的金鱼。

"阿基米德发现，如果一个球体内切于圆柱体，那么球体的体积等于圆柱体体积的三分之二，其表面积等于圆柱体的侧面积。用现代数学语言来描述的话，如果球体半径为 r，那么它的体积等于 $\frac{4}{3}\pi r^3$，表面积等于 $4\pi r^2$。

"作为一位伟大的数学家，阿基米德接下来找到了这些结果的严谨几何证明，这些都记载在他的《论球体和圆柱体》中。他的证明使用了如今被称为穷竭法的复杂方法。但这种方法的一个难点在于，在能够证明它是正确答案之前，你得先知道问题的确切答案。因此，学者们困扰已久：阿基米德最初是怎么**知道**正确答案的呢？"

"我明白了，"我说，"这份失落已久的文档解释了他是怎么知道的。"

"完全正确。而且值得称道的是，在这个例子中，它有点类似于两千年后由牛顿和莱布尼兹发明的积分。不过，阿基米德自己也很清楚，《论方法》中所用的概念并不严谨。因此，他才转向另一种方法——穷竭法。"

"那么他究竟是怎么做的呢？"我问道。

夏尔摩斯用放大镜仔细地研究着重写本。"上面不完全是古希腊文，有的地方也不太清晰，但这难不倒像我这样的语言专家。我给你看过我写的关于解读地中海地区古文献的小册子吗？记得下回提醒我一下。

"看上去，阿基米德首先想像出适当尺寸的一个球体、一个圆锥体和一个圆柱体。然后他想像把它们切成很细的切片，再放在天平上称重：一片球体切片和一片圆锥体切片放在一边，一片圆柱体切片放在另一边。如果适当选取它们距离支点的距离，那么天平就能保持平衡。由于质量与体积成正比，所以体积就与杠杆原理关联在了一起。"

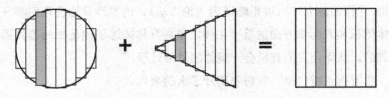

在放上天平之前，将它们切成切片（详情参见第298页）

"嗯——讲讲什么是杠杆原理吧，"我说，"不知为何，医学院课程里没有这个内容。"

"本该教的，"夏尔摩斯说，"在处理关节脱臼时想必会派上大用。不管怎样，这个原理——也是由阿基米德发现和证明的——说的是，给定质量的物体在给定距离让杠杆产生的旋转效应，或力矩，等于质量乘以距离。为了让天平取得平衡，顺时针的力矩必须等于逆时针的力矩。或者说，在适当赋予正负号后，总力矩等于零。"

"呃——"

"在一定距离上一定质量的物体，会与在两倍距离上一半质量的物体在天平上保持平衡，前提是它们分处支点的**两侧**。"

"我明白了。"

"我有点儿怀疑，不过先让我继续。通过把这三种形状切分成无穷多无限薄的切片，并把它们适当放在天平上，阿基米德能够想像出在一点上的球体切片和圆锥体切片的质量之和等于圆柱体切片的质量，而把在所有点上的切片加总起来，它们就构成了原来的球体、圆锥体和圆柱体。已知圆锥体的体积是圆柱体的三分之一，阿基米德便能通过'等式'算出球体的体积了。"

"太妙了，"我说，"对我来说已经很有说服力了。"

"但对于像阿基米德这样的数学家来说是不够的。"夏尔摩斯说，"如果切片具有有限厚度的话，那么整个过程就存在微小但不可避免的误差。而如果切片的厚度为零，那么它们合起来的质量也为零。当天平两边的质量都为零时，并不存在一个确定的平衡点。"

我开始明白对这种方法的质疑了。"如果切片变得越来越薄，是不是误差就越来越小呢？"我大着胆子说道。

"确实，何生，确实是的。现代的积分将这个观察转化成了严格的证明，使得这种方法能够严谨地给出答案。然而，阿基米德当年想不到这些。因此，他使用不太严谨的方法找到了正确答案，而这使他有机会通过穷竭法证明这个答案是对的。"

"真厉害！"我说，"我们得出版这份重写本。"

夏尔摩斯摇了摇头。"然后惹怒硬纸党？你我的性命要更宝贵，不值得引祸上身。"

"那我们该怎么做？"

"我们得把手稿放在一个安全的地方。不能再放回那个图书馆了，因为到现在他们必定已经发现了，并已经布置下了陷阱。我会把它藏在别的学术图书馆里。别，别打听！或许有朝一日，当世事变得安定一些，而那个秘密社团的影响力已经消退，它会重见天日。在那之前，我们只能满足于自己知道这位伟大几何学家的方法，而无法将之公之于众。"

他停顿了一下。"我之前告诉过你球体的体积和表面积公式。现在有道简单的小题目你可能会觉得有意思。当球体的半径是多少英尺时，它的表面积（以平方英尺计）等于体积（以立方英尺计）？"

"我不知道。"我答道。

"那就把它**做出来**，伙计！"他嚷道。

关于阿基米德重写本的真实历史和夏尔摩斯所提问题的答案参见第296页。

෴ 四个立方数之和 ෴

像很多数学谜题一样，四个平方数之和有着悠久的历史。古希腊数学家丢番图（他在大约公元250年写的《算术》是第一部使用代数符号的教科书）曾问及，是否每个正整数都可表示成四个完全平方数（允许使用0）之和。对于小的数，这很容易通过实验验证；比如，

$$5=2^2+1^2+0^2+0^2$$
$$6=2^2+1^2+1^2+0^2$$
$$7=2^2+1^2+1^2+1^2$$

当你以为8要用到另一个1^2，从而需要五个平方数时，4出来救场了：

$$8=2^2+2^2+0^2+0^2$$

对于更大的数的实验结果表明，答案很有可能是肯定的，但问题在1500年里一直没有解决。在1621年克劳德·巴谢·戴梅齐利亚克出版法文版《算术》之后，这个问题也被称为巴谢问题。1770年，约瑟夫-路易·拉格朗日发现了一个证明。更简单的证明在晚近给出，使用的是抽象代数的方法。

那么四个立方数之和呢？

也是在1770年，爱德华·华林在没有给出证明的情况下宣称，每个正整数都可表示成至多九个立方数或19个四次方数之和，并想知道类似命题在更高次方的情况下是否也成立。也就是说，给定数k，是否可以用有限个k次方数之和来表示所有正整数？1909年，大卫·希尔伯特证明了答案是肯定的。（负数的奇数次方是负数，而这相当大地改变了游戏，所以暂时我们只考虑正整数的幂。）

23显然需要九个立方数。可用的只有8, 1和0，所以我们只能表示成8+8+七个1：

$$23=2^3+2^3+1^3+1^3+1^3+1^3+1^3+1^3+1^3$$

因此，一般而言需要至少九个立方数。不过，如果我们忽视有限的几个例外的话，所需的立方数是可以减少的。比如，只有23和239需要九个立方数，其他所有数使用八个立方数即可。通过再排除一些例外，尤里·林尼克将所需的立方数降到了七个。并且很多人相信，如果允许排除有限多个例外，其实四个立方数就够了。已知最大的需要多于四个立方数的数是7 373 170 279 850，并且人们猜想，这是具有这个性质的最大的数。所以很有可能（但并非定论），每个足够大的正整数都可表示成四个立方数之和。

不过正如我之前所说，负数的立方也是负数。这会导致一些不见于偶数次幂的情况。比如，

$$23=27-1-1-1-1=3^3+(-1)^3+(-1)^3+(-1)^3+(-1)^3$$

它只需五个立方数，而如果只允许正数或零的立方数的话，我们刚刚看到，它需要九个。但我们还能做得更好：23可以表示成四个立方数之和：

$$23=512+512-1-1000=8^3+8^3+(-1)^3+(-10)^3$$

允许负数意味着可以使用比所需凑的数大的立方数（忽略负号）。比如，我们可以用三个立方数之和来表示30，虽然这并不容易：

$$30=2\,220\,422\,932^3+(-283\,059\,965)^3+(-2\,218\,888\,517)^3$$

所以这时我们无法像在只考虑正数时那样系统地遍历有限种可能性。

实验结果让一些数学家猜想，**每个整数都能表示成四个（正的或负的）立方数之和**。到目前为止，这个命题还没有定论，但存在大量支持性证据。计算机已经验证了，一千万以内的正整数都可表示成四个立方数之和。V.A. 德姆尼亚年科证明了，任何非$9k\pm4$的整数都可表示成四个立方数之和。

为什么金钱豹有斑纹

博茨瓦纳卡纳纳营地的母豹

金钱豹身上长着斑纹，老虎身上长着条纹，而狮子身上没有纹路。这是为什么呢？选择似乎相当武断，仿佛"大猫销售目录"里列出了可选纹路而自然演化选取了其中顺眼的一款。但种种证据表明，情况并非如此。英国布里斯托尔大学的威廉·艾伦及其同事研究了猫科动物纹路与其习性之间的数学关系，以及这如何影响了纹路的演化。

猫科动物演化出纹路最显而易见的原因是为了伪装。如果一只猫科动物生活在丛林里，那么斑纹或条纹会使它在明暗交错的环境中不易被发现。另一方面，对于生活在开阔地带的猫科动物，明显的纹路会让它们**更容易**被发现。不过此类理论严格说来只是讲故事，除非它们能够得到证据支持。但实验验证很难：想像一下，涂去一只老虎身上的条纹并长时间维持，或者让它及其后代穿上素面外套，然后看看会发生什么。替代的解释也林林总总：纹路可以用来吸引异性，或仅仅只是动物体型导致的自然结果等。

猫科动物纹路的数学模型使得检验伪装理论成为可能。有些纹路，比如金钱豹的斑纹，非常复杂，而这类复杂性与纹路的伪装价值密切相关。所以研究者使用阿兰·图灵提出的一种数学模型将纹路分类。图灵认为，动物纹路是化学物质在发育中的胚胎的表面的反应扩散过程生成的。

这些过程可以由表征扩散速率和反应类型的具体数来表述。这些数就像是"伪装空间"（所有可能纹路）中的坐标，就如同经纬度之于地球表面。

然后研究者将这些数代表的纹路与35种不同猫科动物的习性信息（它们喜欢的栖息地、它们吃什么、它们在白天还是夜晚活动等）作关联分析。通过统计分析，研究者在其中找到了一些显著关系。比如，纹路与封闭的生活环境（比如森林）密切相关。生活在开阔地带（比如稀树草原）的动物，比如狮子，更有可能不长纹路。即使有纹路，通常也是非常简单的。而对于大量时间生活在树上的猫科动物，比如金钱豹，它们更有可能长有纹路。此外，它们的纹路往往非常复杂，而不是简单的斑纹或条纹。这种方法还解释了为什么会有黑豹，却没有黑猎豹。

数据驳斥了其他一些替代理论。猫科动物本身及其捕猎对象的体型与纹路没什么关联。群居性猫科动物并不比独居性猫科动物更有可能或更少可能具有纹路，所以它们身上的纹路并不是作为社交信号。这项研究并没有证明猫科动物的纹路是为了伪装而演化出来的，但它的确表明，伪装在其中起到了关键性作用。

因此，狮子之所以没有纹路，是因为它们在开阔地带觅食。金钱豹身上有斑纹，是因为这样不容易被发现。

更多信息参见第299页。

多边形永远下去

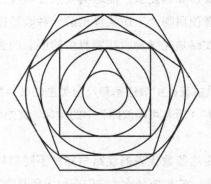

一直这样下去……它会变得多大？

这里有一个小测试，可以检验一下你的几何和分析直觉。从一个单位圆开始，在它外面画一个外切的等边三角形，然后再画一个这个三角形的外接圆。重复这个过程，但接下来要依次采用正方形、正五边形、正六边形，如此等等。

如果这个过程一直做下去，整个图形是会变得无穷大，还是会被限制在一个有限的平面区域内？

详解参见第299页。

最高机密

20世纪30年代，一位苏联数学教授去参加一个流体动力学研讨会。在研讨会上，两名一直穿着制服的与会者很显然是军方的工程师。可能是为了保密，他们从来不讨论自己的工作内容。但有一天，他们向那位教授请教了一个数学问题。某个方程的解不稳定，他们希望知道如何调整系数，才能使方程的解变得单调。

教授看了下方程，然后说："把机翼加长一些！"

赛艇手之谜

我时常被夏尔摩斯在最无望的情况中找出模式的能力所折服。发生在1877年早春的那件事就是对此再好不过的例子。

我穿过等边三角形公园来到他的寓所。公园里，太阳透过散乱的云层在地面投下斑驳的影子，从周围的灌木丛中还不时传出阵阵婉转的鸟鸣。这么大好的天气，待在室内实在是有负春光，但他对我的建议不为所动，继续对他大量收藏的用过的火柴棒进行分类。

"很多案子的关键就在于一根火柴燃烧的效率，何生。"他一边嘟囔着，一边把用两脚规量出的数据记到本子上。

失望之余，我打开报纸，翻到体育版，发现了一桩连夏尔摩斯也不愿意错过的赛事。它让我脑中嗡嗡叫的蜜蜂和茂密的花草统统一扫而空。不出一小时，我们两人便坐到了河岸边，身边还有午餐篮和几瓶美味的勃艮第葡萄酒。我们等待着一年一度的赛艇对抗赛开始。

"你支持哪支队伍，夏尔摩斯？"

他停止测量一根早期苏格兰路西法牌火柴头烧焦部分的长度（当初他坚决要求带上一些以打发时间），说道："蓝队。"

"深蓝还是浅蓝？"

"是的。"他神秘兮兮地说。

"我是指：牛津，还是剑桥？"

"是的，"他摇了摇头，"两者必居之一。变数太多，无法作出预测，何生。"

"夏尔摩斯，我问的是你支持哪支队伍，不是预测谁会赢。"

他冷冷地瞅了我一样。"何生，我为什么要支持那些我不熟识的人？"

夏尔摩斯心情不好，总是事出有因。我注意到他用火柴棒拼出了一个类似于鲱鱼骨架的图形，便问他是怎么回事。

"我一直在观察艇桨的分布情况，正寻思为什么这种低效率的布局会成为传统。"

我看向泰晤士河上那两条为年度牛津剑桥赛艇对抗赛整装待发的舟艇。"传统往往是低效率的，夏尔摩斯，"我反驳道，"因为它们总是因循守旧，而不是去探索如何才能做得最好。但我并没有在这里发现低效率。艇上共有八名桨手，艇桨交替左右分布。这被称为串联布局。它在我看来对称、合理。"

串联布局（箭头为艇首方向）

夏尔摩斯颇为不屑。"对称？根本不是。一侧艇桨都在另一侧艇桨的前方。合理？在桨手划水时，这种不对称的布局会产生一股扭力，让舟艇向一边偏转。"

"夏尔摩斯，这正是需要舵手的一个原因。他负责掌舵。"

"但这会产生阻力，影响舟艇的前行。"

"噢。那艇桨还能怎么排列呢？要让两个桨手并排坐是不可能的呀。"

"共有68种替代布局，何生；或者如果把互为镜像的算作一种的话，则有34种。具体说，德国人和意大利人就使用了不同的布局。"说着，他用火柴棒摆出了两种布局的示意图。

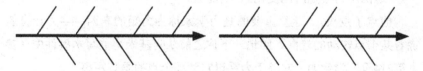

左图：德式布局；右图：意式布局

我注意看了一下。"显然这些古怪的布局会带来更糟糕的问题！"

"或许吧。让我们来看看。"他抿着嘴，陷入沉思中，"何生，这里存在无数实际操作问题，要求更复杂的分析。更别说更多火柴棒了。所以我暂且从最简单的模型开始考虑，希望能从中获得一些洞见。但我得提醒你，结果并非定论。"

"明白。"我说道。

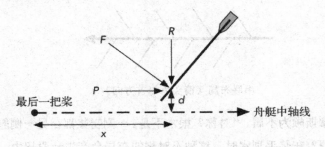

力的分解。注意到P的方向向前，R的方向垂直于艇身（由
于水的阻力，艇桨最远端可近似认为是固定的）；也别忘了，
比赛时，桨手背对艇首，面朝艇尾，并把桨拉向自己

"让我们先来分析一把桨，计算一下当艇桨在水中划动时，支撑它的
桨架的受力情况。为简化起见，我假设所有的桨手力量相同，划桨时完
美同步，所以他们在任意时刻都施加了相同的力F。然后，我把力F分解
为平行于艇身的分力P和垂直于艇身的分力R。"

"这两个力会随时间变化。"我说道。

他点了点头。"这里重要的是力学家称为**力矩**的东西——力让舟艇
绕着某个点转动的趋向。回想一下你之前从阿基米德重写本事件中（参
见第214页）学到的，它等于力乘以它到那个点的垂直距离。"

现在轮到我点头了。我确信自己想起了类似这样的东西。

"我把艇尾最末的那把桨用一个点来表示。这就是我们选取的那个
点。现在，如果艇桨在左侧，那么P的力矩是Pd（d为桨架到舟艇中轴线
到距离）。而如果艇桨在右侧，由于力的方向相反，所以P的力矩是$-Pd$。
注意到同一侧四把桨的P的力矩都相同。因此，所有八把桨的P的力矩之
和为$4Pd-4Pd$，等于零。"

"扭力相互抵消了！"

"对于平行于艇身的分力P，的确如此。然而，对于分力R的力矩，
每把桨都是不同的，因为这取决于这把桨到艇尾最末那把桨的距离x。实

际上，它的力矩等于Rx。如果相邻两把桨的间距都为c的话，那么从艇尾到艇首的艇桨的力矩分别为

$$0 \ cR \ 2cR \ 3cR \ 4cR \ 5cR \ 6cR \ 7cR$$

因此，考虑到每把桨可放置在舟艇的任意一侧，所以需要加上正负号，

$$\pm0 \ \pm cR \ \pm2cR \ \pm3cR \ \pm4cR \ \pm5cR \ \pm6cR \ \pm7cR$$

不妨假设正号表示艇桨在左侧，负号表示在右侧。"

"为什么呢？"

"何生，这是因为力作用在左侧，会让舟艇顺时针转动，力作用在右侧，则会让舟艇逆时针转动。我们可以把上述表示进一步简化为

$$(\pm0 \ \pm1 \ \pm2 \ \pm3 \ \pm4 \ \pm5 \ \pm6 \ \pm7) \ cR$$

这样，正负号的序列就表明各把桨分别放置在了哪一侧。

"现在，我们来看看串联布局。它的正负号序列是

$$+ - + - + - + -$$

因此，合力矩为

$$(0 \ -1 \ +2 \ -3 \ +4 \ -5 \ +6 \ -7) \ cR = -4cR$$

在划桨周期的拉桨阶段，分力R的方向向内，但一旦桨叶出水，桨柄往前推，分力R的方向就会反转，转而向外。因此，舟艇起初往一边偏，继而又往另一边偏，如此反复摇摆。舵手不得不用舵来修正，但正如我之前所说的，这会产生阻力。

"那德式布局呢？现在合力矩是

$$(0 \ -1 \ +2 \ -3 \ -4 \ +5 \ -6 \ +7) \ cR = 0$$

而无论c和R是多少。因此，它不会导致摇摆。"

"那意式布局呢？"我叫道，"哦，让我来试试！它的合力矩是

$$(0 \ -1 \ -2 \ +3 \ +4 \ -5 \ -6 \ +7) \ cR = 0$$

也是为零！真神奇。"

"没必要激动，何生。"夏尔摩斯说，"现在让你的聪明脑瓜来思考一

个问题。德式布局和意式布局（或其镜像）是**仅有**的能使合力矩为零的布局吗？"他一定是看到了我脸上的一脸茫然，于是又补充说："这个问题的实质是，把从0到7的八个数分成两组，使得每组各四个数，并且和相等。由于所有八个数的和为28，所以每组的和应该为14。"

详解以及1877年赛艇对抗赛的结果参见第300页。

十五谜题

这个谜题有点古老，但这不要紧。它是一个很好的例子，说明一点点的数学洞察如何就能避免大量徒劳无益的努力。况且，我需要用它为下一篇作些铺垫。

1880年，纽约州的一位邮局局长诺伊斯·帕尔默·查普曼想出了一个他称之为宝石谜题的游戏，并有牙医查尔斯·佩维出钱悬赏求解。这在当时轰动一时，但没人赢得奖金，所以很快消停了下来。美国谜题专家山姆·劳埃德声称他在19世纪70年代就曾用这个谜题引起过轰动，但他确实做的是在1896年撰文提到它，并悬赏1000美元，而这再度激起人们的兴趣。

这个谜题（也被称为老板谜题、十五游戏、神秘方块或十五谜题）的道具是15块被标以1～15的可以划动的小方块，这些小方块被放置在一个大方盘中，方盘的右下角有一个空格。**除了**14和15，小方块按顺序排列。你的任务是调换14和15的位置，并保持其他小方块顺序不变。你需要通过不断地将与空格相邻的小方块移到空格里来调整位置。

随着你不断地移动小方块，数的顺序会变得乱七八糟。但如果够小心的话，你可以把它们复原。很容易认为，只要自己足够聪明，你就可以得到任意的排列。

十五谜题（左图：初始状态；中图：目标状态；右图：为了
证明不可能性而对小方块进行涂色）

　　劳埃德之所以乐于给出（在当时而言）如此慷慨的一笔赏金，是因
为他很确信这份赏金不可能被领走。15个编号小方块加上一个空格，共
有16!种可能的排列。但问题在于：其中哪些排列能够通过合法的移动得
到？早在1879年，威廉·约翰逊和威廉·斯托里就证明了，答案是其中
的半数；并且——你应该能猜到我要说的了——能获得奖金的那个排列
恰恰在另一半当中。十五谜题是无解的。但当时大多数人并不知道。

　　为了证明不可能性，我们需要将小方块涂成像国际象棋棋盘那样，
如上面右图所示。移动小方块等价于将小方块与空格进行对调，每次对
调都会使空格的颜色发生变化。由于空格最终必须回到它的最初位置，
所以对调的次数只能是偶数。每种排列都能通过一系列的对调得到；然
而，其中有一半用到偶数次对调，还有一半用到奇数次。

　　对于任意给定的排列，有多种方法去实现，但它们要么都是奇数次
的，要么都是偶数次的。游戏的目标可以只通过一次对调来实现，即直接
对调14和15，但一是奇数，所以不可能通过偶数次对调来实现这种排列。

　　这个条件事实证明颇能误导人。通过合法的移动可以得到16!种可能
排列的一半。而16!/2=10 461 394 944 000，如此大的数目使得无论你试过
多少次，大多数可能性仍有待探索。这会诱使你相信，**任意**排列必然都
是可能的。

诡异的六谜题

　　1974年，理查德·威尔逊一般化了十五谜题，并证明了一个精彩的定理。他用网络来表示十五谜题。小方块用节点表示，上面标有数，并且数能沿着边移动，只要这条边上另一端的节点标有空方块。数移动后，空方块需要移到一个新的位置。下图为小方块的初始状态。如果小方块之间是相邻的，那么节点之间就有边连接。

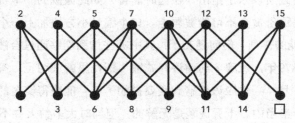

表示十五谜题的网络

　　威尔逊的思路是将上述网络推广到任意的连通网络。假设网络有$n+1$个节点。起初，一个节点是空的，标有空方块（从现在起，不妨令它为节点0），而其余节点则分别标有数（从1至n）。类似的游戏相当于，将0与相邻节点的数进行对调，从而在网络中移动这些数。规则要求0必须在游戏结束时回到它的初始位置。其余n个数可以有$n!$种可能排列。威尔逊问道：通过合法的移动，能得到这些排列中的多大部分？答案显然取决于网络，但可能不如你的料想。

　　很容易看出有一类网络会使答案异乎寻常地小。如果所有节点构成一个闭环，初始排列是你能通过合法的移动**唯一**得到的排列，因为0必须回到它的初始位置。其余所有的数顺序保持不变，一个数不可能绕到另一个数的另一侧。理查德·威尔逊定理（为了避免与威尔逊定理混淆而如此命名）表明，除去闭环，要么**所有**可能排列都能得到，要么只有恰好其中一半（偶数种可能时）能够得到。

　　除了一个特例。

　　定理揭示了**一个**特例：一个有七个节点的网络，其中六个节点构成一个六边形，另外一个节点位于六边形直径的中点。这里一共有6!=720种可能排列，其中一半是360。但它实际能得到的排列只有120种。

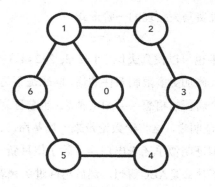

威尔逊构造的特例

　　解释它需要用到抽象代数，具体说是置换群的一些性质。参见：Alex Fink and Richard Guy, "Rick's Tricky Six Puzzle: S5 Sits Specially in S6," *Mathematics Magazine* 82 (2009) 83–102.

⌘ 像 ABC 一样难 ⌘

　　时不时地，数学家会得到一些初看上去十分疯狂但事实证明具有深远影响的想法。ABC猜想就是其中之一。

　　还记得费马大定理吗？1637年，皮埃尔·德·费马猜想，当$n \geq 3$时，费马方程

$$a^n + b^n = c^n$$

没有非零的正整数解。另一方面，当n=2时，方程有无穷多组解，比如勾股数$3^2+4^2=5^2$。数学家花了358年时间才证明了费马是对的，取得这项成就的是安德鲁·怀尔斯和理查德·泰勒（参见《数学万花筒（修订版）》第49页）。

大功告成了，你可能会想。然而在1983年，理查德·梅森意识到，从没人仔细研究过费马大定理的**一阶形式**：

$$a+b=c$$

你不用是代数高手也可以找到类似于1+2=3，2+2=4这样的解。但梅森想知道，如果对a, b, c施加更多限制条件的话，问题是不是会变得更有意思。这最终引出了一个崭新的猜想——ABC猜想（也被称为厄斯特勒–马瑟猜想）。要是有人能证明它，这将给数论带来一场革命。它得到了大量的数值证据的支持，但证明似乎还未出现——除了望月新一宣称的证明。但我还是先解释一下什么是ABC猜想，然后再回过头来看。

两千多年前，欧几里得找到了所有的素勾股数，所用的方法我们现在通常写成代数公式。1851年，约瑟夫·刘维尔证明了，当$n≥3$时，费马方程不存在这样的公式。梅森考虑的是更简单的方程

$$a(x)+b(x)=c(x)$$

其中$a(x), b(x)$和$c(x)$为多项式。所谓多项式，是指x的幂的代数组合，比如$5x^4-17x^3+33x-4$。

同样地，这类方程的求解也很容易，但它们并不都"很有趣"。多项式的阶是指式中x的最高次幂。梅森证明了，如果上述方程成立，那么a，b和c的阶都将小于方程$a(x)b(x)c(x)=0$的**不同复数解**的个数。其实W. 威尔逊·斯托瑟斯早在1981年就证明了这个定理，但梅森在此基础上考虑了更进一步。

数论学家常常试图寻找多项式与整数之间的类比。梅森–斯托瑟斯定理一个容易想到的整数类比可能是：假设$a+b=c$，其中a, b和c是互质的正

整数，那么*a*, *b*和*c*的质因数个数都将小于*abc*的**不同质因数**的个数。

不幸的是，这个类比大错特错。比如，14+15=29，它们积的质因数个数为一（必然是不同的），但14=2×7，15=3×5，各有两个质因数。真糟糕。不过数学家们没有退却，他们试图修订命题，使得它看上去像是个真命题。1985年，戴维·马瑟和约瑟夫·厄斯特勒正是这样做的。他们的版本说的是：

> 对于任何 $\varepsilon>0$，只有有限多个互质正整数三元组(a, b, c)，$a+b=c$，使得 $c>d^{1+\varepsilon}$，其中d为abc的**不同质因数**的积。

这就是ABC猜想。如果它得到证明，在过去几十年间被数学家辛苦证得的许多艰深定理都将是它的直接推论，从而会有更简单的证明。此外，所有这些证明都将非常相似：做些常规的小铺垫，然后应用**ABC定理**（不再是猜想了）。正如安德鲁·格兰维尔和托马斯·塔克所说，ABC猜想的解决将"对我们对数论的理解产生极其深刻的影响，证明或证否它都将令人惊叹"（Andrew Granville and Thomas Tucker, "It's As Easy As *abc*," *Notices of the American Mathematical Society* 49 (2002) 1224–1231）。

现在回头来看望月新一，一位成绩卓著的数论学家。2012年，他宣称证明了ABC猜想，整个证明长达五百页，包含四篇预印本（还未在正式刊物发表、仅供同行讨论的论文）。出乎他的意料，消息引发了媒体的关注，尽管一开始认为这不会引人注意显然是不切实际的想法。专家们正在检验这个使用了许多全新数学的长篇证明。这项工作需要大量的时间和精力，因为其中的思想复杂、非传统且技术化，然而没人会由于这而错失这个机会。已有一处错误被找到，但望月新一表示这不会影响最终结果。他正在更新他的检验进度报告，而专家们仍在进行检验。

⌘ 正多面体圈 ⌘

八个完全相同的立方体，面对面贴合，可以组成一个两倍大小的新立方体。八个立方体也可以这样组成一个"圈"——中间有个洞的多面体，拓扑上等价于环面。

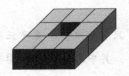

立方体圈

稍作多些努力，你可以用另外三种正多面体拼出类似的圈：正八面体、正十二面体和正二十面体。在所有这四个例子中，用到的都是正多面体，而它们可以相互贴合得严丝合缝：对于立方体来说，这是显而易见的；对于另外三种多面体，这只是对称性的自然结果。

正八面体圈、正十二面体圈和正二十面体圈

然而一共存在**五种**正多面体，而这种方法不能用于剩下的那种正多面体，即正四面体。胡戈·施泰因豪斯曾在1957年问过这个问题，有限个完全相同的正四面体是否能面对面贴合地组成一个闭圈。一年后，斯坦尼斯瓦夫·希维尔科夫斯基回答了他的问题，证明这样的组合是不可能的。正四面体有点特别。

然而在2013年，迈克尔·埃尔格斯马和斯坦·瓦贡发现了一种由48个正四面体组成的、八重对称的圈。是希维尔科夫斯基错了吗？

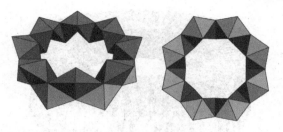

埃尔格斯马和瓦贡的圈（左图：透视图；右图：俯视图，可
以看出八重对称性）

并非如此，埃尔格斯马和瓦贡在论文中解释道。如果你用真正的正
四面体试着拼出他们的组合，你会发现最后留有一道小小的空隙。不过
你将这个空隙"填上"，只需将下图中用粗线表示的边长从1个单位放大
到1.002 74——只是放大了五百分之一，人的肉眼是无法察觉的。

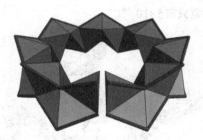

空隙（有夸大）

希维尔科夫斯基进而问道：如果使用足够多的正四面体组成圈，允
许留有空隙，空隙最小可以是多少？你能通过使用足够多的正四面体，
使得相对于单个正四面体的边长，空隙可以任意小吗？如果不允许正四
面体相互重叠，答案仍是未知的，但埃尔格斯马和瓦贡证明了如果允许
它们相互重叠，答案是确定的。比如，使用438个正四面体可以将空隙缩
小到万分之一。

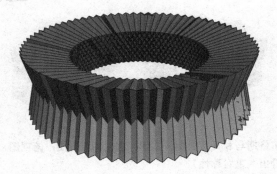

埃尔格斯马和瓦贡的438个允许相互重叠的正四面体圈

　　他们猜想，即使不允许正四面体相互重叠，答案也是确定的，只不过组合要更加复杂。作为例证，他们找到了一系列空隙越来越小的圈。目前的记录是他们在2014年发现的、由540个非重叠的正四面体组成的几乎闭合的环，其空隙只有$5×10^{-18}$。

埃尔格斯马和瓦贡使用540个非重叠的正四面体组成的圈

　　更多信息参见第302页。

☙ 方枘问题 ☙

这个数学谜题已经有一个多世纪了。是否平面上每一条简单闭曲线（曲线不能自己与自己相交），其上都有四个点，可以以此为顶点构成一个边长非零的正方形？

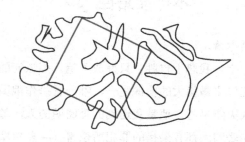

一条简单闭曲线以及顶点在其上的一个正方形

这里的"曲线"要求连续、不间断，但并不需要是光滑的。它可以有尖角，甚至可以无限曲折。我们之所以要求正方形边长非零，是为了避免平凡的答案：选取同一个点作为正方形的四个顶点。

涉及方枘问题的第一份书面文字，是1911年奥托·特普利茨在一次研讨会上的发言，他声称自己已有一份证明。然而，证明终究没有发表。1913年，阿诺德·埃姆什证明了这个命题对于光滑凸曲线成立，并说自己不是从特普利茨，而是从奥布里·肯普纳处听说这个问题的。此后，这个命题已被证明对于一系列曲线都成立，包括凸曲线、解析曲线（由收敛的幂级数定义）、充分光滑曲线、中心对称的曲线、多边形、有限曲率且没有尖点的曲线、与每个圆在四点相交的星形二次可微曲线等。

你可以得到个大概印象了：有很多技术性猜想，还没有一般化证明，也没有反例。命题可能成立，也可能不成立。谁知道呢？

还有各种一般化。长方枘问题问道，对于任意实数$r \geq 1$，是否平面上每一条光滑闭曲线，其上都有四个点，可以以此为顶点构成一个边长比为$r:1$的长方形？目前只有当$r=1$时的情况（即**光滑曲线**的方枘问题）得到证明。使用更强的条件，问题也能推广到更高维的情况。

不可能路径 🔍

怀着沉痛的心情……

还没写几个字，我悲不自胜，只好放下笔。那该死的！莫亚里蒂教授的诡计让有史以来最伟大的侦探之一、唯一曾扮作俄国老年鱼贩瘸行在伦敦街头的人英年早逝。他是我遇到的最聪明的人，却被一个对这个国家里的所有罪恶勾当都有染指的罪犯所杀害——夏尔摩斯为阻止他付出了最为昂贵的代价！

请容你卑微的记录者拭去一滴男人的泪水，继续向你讲述他朋友的悲剧。

夏尔摩斯在过去一个星期里都情绪低落。但当我看到他为窗户配上了第六把锁、摆出了第三门加特林机枪时，我不禁开始怀疑他精神上是不是有些困扰。

"你可以这样说，"他说，"但要是你经历了我所经历的，你也会这样的。在去理发店的路上，一架从天而降的钢琴从我旁边擦身而过。顺便一提，这是架查克林钢琴，从铸铁框架上我一眼就认了出来。还没等我回过神来，我又不得不闪躲开一辆失控的啤酒公司马拉货车，它随即发生爆炸，所幸我早有预见，赶在爆炸之前躲到一堵墙后。但紧接着墙发生坍塌，陷入一个深坑，我几乎也要跟着落了进去，但我还是设法抛出了铁抓钩，让自己荡到了安全区域。铁抓钩是我为了应对这样的意外而时刻放在口袋里的，它可折叠方便携带，绳子虽细但很结实。后来还有一些事情就不值一提了。"

要不是我对我的朋友了解够深的话，我恐怕都会觉得他是害怕了。

"夏尔摩斯，你有没有想过，是有人要加害于你？"

他哼了一声，我自觉这是对我的敏锐表示赞许。"是莫亚里蒂，"他淡淡地说，"但这次我有了对策。甚至在我们说话的时候，我的狡猾计划就要生效，伦敦的所有警察正赶去捉拿……犯罪界的威灵顿……及其党羽。很快他们会被关押起来，然后是……绞刑架！"

敲门声响起，一个流浪儿走了进来，说道："电报，老大！"夏尔摩斯接过电报，给了他一枚三便士硬币。

"现在的行情是六便士了。"小孩说道。

"谁说的？"

"马路对面的那位，那位福尔——"

"如果你再不滚，这就变成两便士加一个耳光。"夏尔摩斯说道。小孩嘀嘀咕咕地走了。夏尔摩斯打开电报。"这肯定是捷……"然后他的声音突然弱了下来。

"怎么了？"我焦急地问道。他的脸色变得煞白。

"莫亚里蒂逃走了！"

"怎么会呢？"

"他乔装成了一名警察。"

"狡猾的家伙！"

"但我知道他逃到了哪里，何生。你有十分钟时间回家打包。然后我们就要依次乘渡轮、火车、马车、狗车、公共汽车和驴。"

"但是——夏尔摩斯！我跟比阿特丽克斯结婚才不到一个月！我不能就这样——"

"何生，如果我们还要继续合作下去，那你的新婚妻子不得不最终习惯于这类事情。"

"话是没错，但——"

"现在没时间了。况且小别胜新婚，狗是人类最好的——好吧，不说废话了。你不在的时候，她的兄弟会照顾好她的。我们离开最多不超过六周。"

我意识到如果没有充足的理由他不会这样要求我。他需要我。我必须迎难而上，不计个人得失。"好吧。"尽管预感不妙，我还是答应了，"比阿特丽克斯会理解的。那我们要去哪？"

"去辛莱巴赫瀑布。"他平静地说。

我不由地打了个冷颤。这个名字连最厉害的登山者都会心生畏惧。"夏尔摩斯！这无异于自杀！"

他耸了耸肩。"只有在那里才能找到莫亚里蒂。但首先我们得先前往那里。"说着，他拿出一张地图。

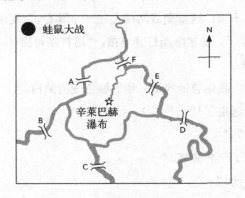

夏尔摩斯的地图

"地图上是瑞士的某一地区。注意到上面的河流网。它们发源于北部，然后流出国境。辛莱巴赫瀑布位于一条小支流的终点。"

"那条河在瀑布之后流向哪了？"

"它转入地下，流入某条地下河。没有人知道它通往哪里。"

"真是奇怪的地质情况，夏尔摩斯。"

"瑞士的地貌千奇百怪，何生。你看，图上有六座桥，我分别把它们标为A、B、C、D、E和F，它们是瑞士境内连接河两岸的仅有的桥。公共汽车终点站就在蛙鼠大战小镇。从那里，我们只能骑驴前往瀑布。我们必须待在瑞士境内：穿过一次边境而不被发现已经够难，而重复这样的尝试简直愚蠢至极。我已经想到了一条路径，但你可能会有更好的想法。"

我研究了一下地图。"这有什么嘛？简单！我们直接走桥A。"

"不行，何生。这太直接了。莫亚里蒂肯定首先会关注那里，这样做难免打草惊蛇。为了攻其不备，我们只能把桥A留到最后过。并且为了避免引起不必要的注意而暴露身份，我们每座桥最多只能过一次。"

"那我们只能从桥B开始了，"我说，"接下来就只能走桥C，再接下来是桥D。然后我们可以选桥E或者桥F。它们都能通往瀑布，不妨就选桥E。大功告成！"

"我前面说了，我们必须把桥A留在最后过，而不是桥E。"

"哦，对。那接下来我们再过桥A——不对，这是个死胡同，没有通往瀑布的桥了。所以我们暂且放下桥A，先走桥F……还是不对，这也是个死胡同。"

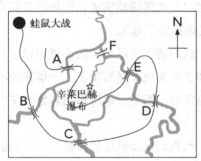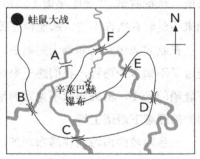

两条无法到达瀑布的路径

夏尔摩斯心不在焉地哼了一声。我重新检视了自己的分析。"或许桥F……不对。即使在过了桥D之后，选桥F而非桥E，同样有这个问题。**根本不存在这样的路径嘛，夏尔摩斯！**"突然我灵光一闪，"除非有一条隧道，或者其他某种过河的方法。有摆渡船或独木舟吗？"

"没有什么隧道，也没有摆渡船或独木舟。而且我们不需要渡河，桥和陆地就足够了。"

"那么这事是不可能办到的，夏尔摩斯！"

他笑了起来。"但是何生，我已然跟你说过存在一条符合前述条件的路径。事实上，存在至少八条本质上不同的路径——这里我是指过桥的顺序不同。"

"**八条**？坦白讲，我连一条都没看出来。"我恼火地答道。

夏尔摩斯说得对吗？详解参见第303页。

最后一案 🔍

我整夜睡得不好，太阳刚升起就醒了，却发现夏尔摩斯早已穿好了衣服，跃跃欲试。"该吃早饭了，何生！"他热情地嚷道。即使他对即将到来的对峙有些许不安，那他也完美地掩饰了起来。

在吃完面包、肉和瑞士奶酪后，我们骑上驴沿着羊肠小道出发了。走过了不知多少路程，我们终于来到了辛莱巴赫瀑布脚下。一道激流冲下陡峭的悬崖，消失在深不见底的地穴中，留下一道绚烂的彩虹在午后阳光的照耀下熠熠生辉。

一条险峻的山路通往瀑布顶部。当我们快要到达的时候，一个人影在前方远处一闪而过。

"莫亚里蒂，"夏尔摩斯说，"是这个恶魔的身影错不了。"他取出手枪，打开保险栓。"他逃不了了，因为除此之外别无他路——除非那条不归路。你在这里等着，何生。"

"不，夏尔摩斯！我要和你一起——"

"你不可以。清除这个罪恶造物的使命只能由我一人承担。如果安全了，我会给你发信号。向我保证，除非看到信号，你会一直待在这里。"

"什么信号？"

"到时候你就知道了。"

尽管深深感到不安，但我还是同意了。随后，他爬了上去，转过一块巨石便很快从我的视线中消失了。我看到他的最后一眼是他那双结实的登山靴。

我等待着。除了风声和水声，周围没有别的动静。

突然，我听到叫喊声。但是风太大，我听不清喊的是什么。接下来，我又听到一阵毫无疑问的搏斗声以及数声枪响。随后是一声尖叫，**有东西**顺着水流从我身边掉落下去。它被水汽笼罩，移动得又快，我认不出是什么东西，但大致有一个人的大小。

或两个人的。

尽管刚才令人惊心动魄，但我还是按照夏尔摩斯之前的吩咐做了，耐下性子等待着。

信号还没出现。

最后，我感觉事情哪里不对，于是决定打破承诺。我沿着山路爬了上去。在瀑布顶部，四周峭壁耸立，直插云霄，挡住了我的去路。旁边一道布满青苔的岩脊通向断崖，瀑布就是从那边冲下去的。四下不见夏尔摩斯和莫亚里蒂的踪影。但在水汽湿润下，青苔上依稀可见一些脚印。

对于任何受到过侦探大师耳濡目染的人，这些脚印讲述了一个明晰的故事。我辨认出V形线条的印迹是夏尔摩斯的靴底留下的，而另一种带有Z形的鞋印应该就是莫亚里蒂的了。两套脚印来到悬崖边，而这里的地面满是泥浆，显示我刚刚听到的打斗就发生在这里。

我惊惶地吸了口气，因为**根本没有从悬崖边回来的脚印**。

面对这一切，我努力保持冷静，试着像夏尔摩斯在这种情形下可能做的那样去做。我一边细细研究着，一边小心不让自己的脚印破坏现场——这样做是为当地警察着想，虽然他们毫无疑问会是无能的，但他们肯定也要来现场勘查一番。

很明显，是夏尔摩斯跟在莫亚里蒂**后面**，因为他的脚印有时候踩在了那个罪犯的脚印上面，而不是相反。莫亚里蒂留下的脚印看上去要比夏尔摩斯的深，而我的朋友一向走路轻快。不幸的结论已经很明显了。夏尔摩斯把莫亚里蒂逼到悬崖边，两人展开一场恶斗，然后两人相互纠缠着坠下瀑布。而现在他们的尸体漂落到地穴深处，永远不会被发现。

我心灰意冷地返回原路，那里裸露的岩石上没有脚印。面前山石矗立，无法攀爬。我推想着，要是夏尔摩斯胜了，他本该发出信号，等待我过来；而要是莫亚里蒂赢了，他大可全副武装地等着我自投罗网。

毫无疑问，两个人都横遭不测。

然而，甚至在我下山的路上，我朋友的声音似乎已经开始在我脑中回荡，而语气不无嘲讽。是我的下意识试图告诉我些什么吗？但悲伤已经让我无法思考，我浑浑噩噩地一路下山，走向两头蠢驴——现在我指的是我们的坐骑，但不久后指的就会是瑞士警察。

归来记 🔍

距离夏尔摩斯为清除莫亚里蒂而光荣献身已过去三年。他在222B的居所早已交由他的哥哥谍克罗夫特打理，而我也全身心地投入行医。

一天，一个衣衫褴褛的跛足家伙一瘸一拐地走进我的诊室。"你就是那个医生吗？在杂志上写侦探小说的？"

我首先承认了自己的医生身份。"我也确实写作，但很遗憾，《海滨》一直没有接受我的投稿。"

"噢。必定是因为那个老家伙。但你会成功的。我的腿疼得厉害，医生。"

"这可能是坐骨神经痛，"我对他说，"它是由背部问题引起的。"

"在我**腿**上？"

"你腿上的神经，在你脊柱的某个地方受到压迫了。"

"哦，我的老天爷！我腿上有**神经**？"

"请躺倒诊察台上去——"我注意到他衣服上的泥迹，便转口说，"等等，还是让我先垫一件衣服。"说着，我转身去打开柜子。

"不需要这么麻烦，何生。"一个熟悉的声音说道。

我转过身，瞪大眼，然后昏了过去。

等我醒来时，夏尔摩斯正弯腰把嗅盐放在我鼻下。

"我要向你道歉，我的老伙计！我还以为你早就识破了我的狡猾伪装以及为什么我不得不这样做。"

"压根没有。我一直以为你死了。"

"好吧，你看，在我把莫亚里蒂推下悬崖，并注意到这些脚印在那些不如我敏锐的人看来是什么样子时，我突然意识到，这是个天赐良机。"

"哦！我明白了！"我叫出声来，"尽管莫亚里蒂在英伦三岛的党羽都已经被捕，但在欧洲大陆的一些仍然逍遥法外。如果他们以为你死了，你就可以悄然设网，抓捕他们。所以你伪造了现场，误导无能的瑞士警察。此后，你全身心地投入抓捕余党的工作。你把他们一个个地消灭。你在——嗯，卡萨布兰卡或其他某个异国他乡——找到了最后一个坏蛋，并让他不能再为非作歹。所以现在你可以现身，表明自己还活着。"

"真是个了不起的推理，何生。"我正暗自得意，他却又说，"尽管几乎所有环节都不对。"

夏尔摩斯解释道："你唯一说对的地方是，这是个让我消失的天赐良机。但原因却不是你想的那样。我之前因赌马而债台高筑，没钱还给庄家，所以受到了一系列严重的人身威胁。在终于攒够钱后，我才得以还清债务，重返社会。"

我感到难以置信。"我理解你的处境，夏尔摩斯。人无完人。但你是怎么——？"

夏尔摩斯是如何逃脱和消失的呢？在继续往下读之前，还请你先自己动脑筋想想，因为下面的叙述不可避免地会透露答案。

最后之解 🔍

夏尔摩斯坐到了火炉边。"事情是这样的，何生。在我到达瀑布顶部时，莫亚里蒂正躲在一块岩石后面等着我。他成功将我击晕，然后扛着我往悬崖边走，打算把我扔进深渊。幸好，我及时缓过神来并偷着抽出手枪。在接下来的缠斗中，我们相互开了几枪，但都没击中。莫亚里蒂用力过猛，结果不小心脚底打滑，摔下悬崖死了。我走运没有落得跟他一样的下场。"他平淡地说着，仿佛小事一桩。

"我想要叫你上来，于是回过头，就看到地上的**一套**脚印——那是莫亚里蒂的靴子留下的。它们从山路一直延伸到悬崖边，返回的脚印却没有。我立马看出，那些脚印的深度要比像莫亚里蒂这样体重的人所踩出来的略微深些——这个线索我希望你能注意到，何生，而我也确信那些警察发现不了。随后，**我倒着**走回到山路的安全地带，小心地让我的脚印像是一路在后面追逐着莫亚里蒂，直到悬崖边。"

"这个念头我也曾经有过，夏尔摩斯。但我把它打消了，因为我当时并不知道你有赌债，所以我想不出你要这样做的动机。但岩脊无处可藏，山岩也无法攀爬！你躲到了哪里呢？"

他无视了我的问题，继续说道："我意识到，即使我没发信号，最终你还是会不顾承诺，爬上山来。所以我很快爬到了岩脊上方，这是易如反掌的事情，在那里，凸出的岩石能将我遮住。接下来的事情，你都知道了。"

"但是——峭壁根本无法攀爬啊！"我大声说道。

他遗憾地摇了摇头。"我亲爱的何生，我清楚地记得曾告诉过你，我随身带着可折叠的铁抓钩以防不测。"——参见第238页——"你真的不该忘记如此重要的信息。破解一个大谜团的关键往往只是一个细小的事实。"

我惭愧地低下了头，因为我一直到刚才都忽略了那件装备。我只好苦笑一声。"夏尔摩斯！你真是太——太天才了！"

他微微一笑，岔开了话题。"何生，要不要喝杯茶？"

"那可好。"

"那我叫肥皂泡太太——"

还没说完，房门开了，我们的房东太太探头进来。"夏尔摩斯先生，有什么可为您效劳的？"

"——给我们来一壶茶吧。"大侦探叹了口气。

疑案揭秘

或者在其他情况下，借助约翰·何生医生的大量案件笔记、剪报、夏尔摩斯的笔记，以及偶尔其他的资料来源，给出相关话题的更多信息。

失窃金镑丑闻 🔍

夏尔摩斯拿着放大镜仔细检视了浮华酒店的厨房和账台的每个角落。他甚至掀起地毯仔细查找（但只发现一些与本案无关的奇怪玩意儿），他还搜查了曼纽尔在阁楼上的狭小宿舍。他又抽尝了吧台的几瓶酒。但其实，在哼哞老爷还没跟他说完案情的时候，他就已经知道问题出在哪里了。他这么捣腾不过是为了让破案过程看起来不那么简单，而且有免费品尝麦芽威士忌的机会总不能错过。

浮华酒店老板在他那豪华装修的私人房间里焦躁地踱着步等待结果。

"你找到失窃的金镑了吗，夏尔摩斯？"

"还没有，老爷。"

"哼！我就知道我应该找夏洛——"

"我找不到，是因为根本不存在失窃的金镑。打开始就没有少过。"

"但27金镑加2金镑不是30金镑啊！"

"这我同意。但这样的算法不对。如果你的算法对了，30金镑就出来了。"说着，夏尔摩斯写道：

阿姆斯特朗	本尼特	康宁汉姆	曼纽尔	浮华酒店
10	10	10	0	0
0	0	0	0	30
0	0	0	5	25
1	1	1	2	25

"不应该盯着30金镑的总和，"夏尔摩斯说道，"毕竟这是**错误**的账单。客人们现在付了27金镑，并且我们应该再**减去**2金镑，这样得到25金镑，也就是酒店的收入。并不是去做加法。"

"不过——"

"你原来的算法看起来说得通，只不过是因为29和30这两个数比较接近。但假设，比如账单实际应该是5金镑，这样服务生就要退25金镑给客人们，他留下1金镑作为小费，那么每位客人拿到8金镑的退款。客人们实际每人付了2金镑，加起来是6金镑。曼纽尔留下1金镑。按照刚刚你的算法，它们加起来是7金镑。现在你可能会问：另外23金镑怎么不见了？但实际的账单只是5金镑，而酒店也得到了这笔钱。所以属于酒店的那份里如何能**不见了**23金镑？不属于酒店的部分被那三位客人分掉了，并且他们把其中的零头给了曼纽尔。"

"哼，"哼啐老爷脸涨得通红，"啐。"最后他还是故作镇静，问道："那你的费用呢，先生？"

"29金镑。"夏尔摩斯毫不迟疑地答道。

11 的乘法速算

$$1001$$
$$100001$$
$$10000001$$
$$1000000001$$
$$100000000001$$
$$100000000000000001$$

我还问了其中的原理是什么。之所以说这个问题更难，是因为你不得不思考，而不只是计算。这里我不给出严格的证明，而是以一个典型情况为例：11×909091。首先，将它重写成 909091×11。也就是 $909091 \times 10 + 909091 \times 1$，即 $9090910 + 909091$。用竖式相加：

$$9\ 0\ 9\ 0\ 9\ 1\ 0\ +$$
$$9\ 0\ 9\ 0\ 9\ 1$$
$$\overline{\hspace{5cm}}$$

接下来，从个位开始加，$0+1=1$，得到

$$9\ 0\ 9\ 0\ 9\ 1\ 0\ +$$
$$9\ 0\ 9\ 0\ 9\ 1$$
$$\overline{\hspace{5cm}}$$
$$1$$

然后十位相加，1+9=0进1：

$$9\,0\,9\,0\,9\,1\,0\,+$$
$$9\,0\,9\,0\,9\,1$$
$$0\,1$$
$$1$$

现在，我们在百位把进的1加到9和0上去，又得到了0进1。这样一位又一位地得到0进1，直到最后一位数字

$$9\,0\,9\,0\,9\,1\,0\,+$$
$$9\,0\,9\,0\,9\,1$$
$$0\,0\,0\,0\,0\,0\,1$$
$$1$$

最后一位数字只有进位1，于是得到答案

$$9\,0\,9\,0\,9\,1\,0\,+$$
$$9\,0\,9\,0\,9\,1$$
$$1\,0\,0\,0\,0\,0\,0\,1$$

寻找路线

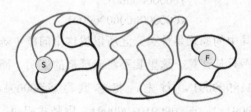

迷宫答案

更多信息参见：R. Penrose, "Railway Mazes," in *A Lifetime of Puzzles* (eds. E.D. Demaine, M.L. Demaine, T. Rodgers), Wellesley, MA: A.K. Peters, 2008, 133–148.

鲁皮特千禧纪念长椅的照片可参见：

http://puzzlemuseum.com/luppitt/lmb02.htm

夏尔摩斯初见何生 🔍

"是个小数点吗？"何生自言自语道，"不对，你是要一个整数。"他顿了顿，突然想到了什么。"你有和我说过符号必须在两个数字**之间**吗，夏尔摩斯先生？"

"没有啊。"

"两个数字之间有空格分开吗？"

"我写出来的或许可能引起歧义，但我并没有提到有空格。"

"我想也是。这样符合你的要求了吧？"说着，何生写出：

$$\sqrt{49}$$

"它等于7。"

几何幻方

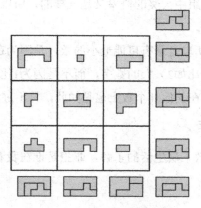

行、列及对角线的正确拼法

橙子皮是什么形状的？

Laurent Bartholdi and André Henriques, "Orange Peels and Fresnel Integrals," *The Mathematical Intelligencer* 34 No. 4 (2012) 1–3.

你也可以从arxiv.org/abs/1202.3033下载这篇文章。

如何中彩票？

不对。尽管陈述都是正确的，但演绎出的却是谬论。

我们来看看为什么。假设在一个不为人知的小人省，每周都会开一次彩票大奖。那里的规则是，从三个球（1, 2, 3）中抽两个。如果两个球全对，就获得了大奖。

因此，一共只有三种开奖可能：

1和2　1和3　2和3

并且它们发生的概率是均等的。

第一个数是1的概率为2/3，是2的概率为1/3，是3的概率为0。

第二个数是3的概率为2/3，是2的概率为1/3，是1的概率为0。

因此，根据前面的推理，投注的人应该选1和3这组最有可能中大奖的组合。然而，每组中大奖的概率又是一样的，所以产生矛盾，反证了这种方法是错误的。

事实上，1之所以是最有可能最小的数，是因为在彩票中，比1大的数要比比其他数（比如2）大的数多，而不是因为1比其他数更有可能被抽到。相同的情况在其他几个数上也是如此，只不过没有1明显。

绿色袜子把戏案 🔍

"凭借我对伦敦下层生活的了解，罪犯是谁在我看来显而易见。"夏尔摩斯说。

"那是谁？"

"不过，何生，除非我们能正式地论证出他有罪，否则不要先入为主。只有我们的论证才能说服警察局的鲁兰德督察。首先，我们需要列一下衣物颜色所有可能的情形。"

"这我会，"何生说，"我对组合数学有点了解。我在工作中用到过它。"随后他写道：

BGW　BWG　GBW　GWB　WBG　WGB

"字母代表衣物的颜色，顺序是上衣、裤子和袜子，"何生解释道，"根据目击者的描述，没有颜色是重复的，因此三种颜色只有六种排列。"

"很好，"夏尔摩斯说，"接下来我们怎么做？"

"制作一个三人着装情况的表。这得花点时间，夏尔摩斯，因为有……嗯，6×5×4……120种组合。"

"没有那么多的，何生。稍微想一下，我们就可以去掉很多情况。我们从，比方说，乔治·格林开始。权且假设他穿了绿色上衣、棕色裤子和白色袜子，即GBW。"

"唔，他这样穿？"

"只是假设，权且假设。如果假设是对的，那就能推出另外两个嫌疑犯不可能穿绿色上衣或棕色裤子或白色袜子，因为同一种衣物中一种颜色只有一件。这样我们就可以把GWB、WBG和BGW从剩下的五种情况中去掉。也就只有BWG和WGB两种情况了。你看，这是假设的GBW的圆排列。我们可以赋予比尔·布朗和沃利·怀特的情况只有两种了。"夏尔摩斯开始继续补充那张表：

	乔治·格林	比尔·布朗	沃利·怀特
1	GBW	BWG	WGB
2	GBW	WGB	BWG

"但是，夏尔摩斯，"何生嚷道，"乔治·格林可能并不是穿GBW啊！"

"非常有可能，"夏尔摩斯淡定地说，"这只是表的开头两行。我们可以类似地把剩下的五种情况也在乔治·格林身上推演一番。当然，每种情况都是圆排列。因此，总共只有12种可能性。"

何生把表誊写如下：

	乔治·格林	比尔·布朗	沃利·怀特
1	GBW	BWG	WGB
2	GBW	WGB	BWG
3	GWB	WBG	BGW
4	GWB	BGW	WBG
5	BGW	GWB	WBG
6	BGW	WBG	GWB
7	BWG	WGB	GBW
8	BWG	GBW	WGB
9	WGB	GBW	BWG
10	WGB	BWG	GBW
11	WBG	BGW	GWB
12	WBG	GWB	BGW

当他写完表格，夏尔摩斯点了点头。"现在，亲爱的何生，我们剩下的工作就是把不可能情况去掉——"

"因为这样之后，剩下的，不论它多么不可思议，必定就是真相！"何生叫道。

"这句话说得再好不过了。在这个案子里，最不可思议的是只有一个坏蛋在犯案。我本以为这是一桩共谋案。

"不论如何，乌金斯警员——那是位值得尊敬的朋友，他用勤勉弥补了想像力的缺乏——告诉我们，布朗先生袜子的颜色和怀特先生的上衣颜色一样。也就是说，代表布朗先生穿着的那组字母结尾应该和怀特先生的开头一样。这样，我们划去行1、3、5、7、9、11，简化成下表：

	乔治·格林	比尔·布朗	沃利·怀特
2	GBW	WGB	BWG
4	GWB	BGW	WBG
6	BGW	WBG	GWB
8	BWG	GBW	WGB
10	WGB	BWG	GBW
12	WBG	GWB	BGW

"接下来，我来确定哪些组合符合那位优秀警员所说的第二个条件：用怀特先生裤子颜色作姓的那个人所穿袜子的颜色与穿白色上衣的人的姓不同。这需要保持头脑清醒。比如第一个表的行2，怀特先生的裤子是白色的，那用怀特先生裤子的颜色作姓的人就是怀特先生自己。他的袜子是绿色的。穿白色上衣的人是布朗先生。两者不同，因此行2可以保留。"

"我不是很清楚——"

"哦，好吧，我们重新填张表！"夏尔摩斯写道：

	怀特先生的裤子颜色	以之作姓的人	这个人袜子的颜色	穿白色上衣的人的姓	是否不同
2	W	W	G	B	是
4	B	B	W	W	否
6	W	W	B	B	否
8	G	G	G	W	是
10	B	B	G	G	否
12	G	G	G	G	否

"只有行2和行8留下了。进一步简化表格，我们得到下表：

	乔治·格林	比尔·布朗	沃利·怀特
2	GBW	WGB	BWG
8	BWG	GBW	WGB

"最后，乌金斯警员告诉我们，用格林先生袜子颜色作姓的那个人所穿上衣的颜色与布朗先生裤子的颜色不同。

	格林先生袜子的颜色	以之作姓的人	这个人上衣的颜色	布朗先生裤子的颜色	是否不同
2	W	W	B	G	是
8	G	G	B	B	否

"行8也不对，只留下了行2。

"现在我们只需看一下在行2谁穿绿色袜子。正如我一开始假设的，那就是BWG的沃利·怀特。"

连续立方

$$23^3+24^3+25^3=12\ 167+13\ 824+15\ 625=41\ 616=204^2$$

可以采用按顺序尝试的方法来找到这组数。但一种更系统化的方法是假设连续立方的中间数为n，并观察方程$(n-1)^3+n^3+(n+1)^3=3n^3+6n=m^2$中的$m$。因式分解可得$m^2=3n(n^2+2)$。其中3，$n$，$n^2+2$只有可能有2和3作为公因子。因此，在$n$和$n^2+2$中，任何大于3的质因子必须偶数次（可以为0）出现。据此，最先筛选出来n为4和24，代入方程后，24有解而4无解。

Adonis Asteroid Mousterian

字母应该赋值如下：

三阶：A=0，D=3，I=2，N=0，O=1，S=6。

四阶：A=0，D=12，E=1，I=2，O=3，R=8，S=0，T=4。

五阶：A=0，E=1，I=2，M=0，N=5，O=3，R=10，S=15，T=20，U=4。

得到如下幻方：

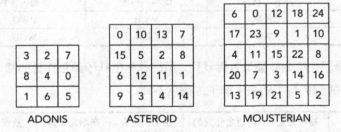

对字母赋值并求和后得到的幻方

更多关于单词幻方和类似构造可参见：

Jeremiah Farrell, "Magic Square Magic," *Word Ways* 33 (2012) 83–92.

该文网址：

http://digitalcommons.butler.edu/wordways/vol33/iss2/2

平方数问题二则

(1) 923 187 456，即30 384的平方。

由于求的是用1-9九个数字各使用一次，所组成的数里面最大的完全平方数，比较合理的假设是这个数以9开头。即便这个假设最后发现是错的，我们还是得先试试。根据假设，要求的数在912 345 678和987 654 321之间。请注意，1-9都只用一次（不含0）。这些数的平方根介于30 205.06和31 426.96之间。所以我们得对在30 206和31 426之间的整数做平方，找到符合要求的数。从31 426开始倒着试，总共有1221个，我们最终找到了30 384。由于已经找到了以9开头的数，所以不需要再做以8或更小的数字开头的尝试了。

(2) 139 854 276，即11 826的平方。

寻找方法与上面的类似。

硬纸盒子案 🔎

(1) 两个盒子的尺寸分别为6×6×1和9×2×2。

假设两个盒子的尺寸分别是x, y, z和X, Y, Z，则体积分别为xyz和XYZ，丝带的长度分别为$4(x+y+z)$和$4(X+Y+Z)$。约掉系数4，我们需要求解方程组

$$xyz=XYZ$$
$$x+y+z=X+Y+Z$$

的非零整数解，即找到两个三元组，它们的积与和分别相等。最小整数解为$(x, y, z)=(6, 6, 1)$和$(X, Y, Z)=(9, 2, 2)$。它们的积为36，和为13。

(2) 三个盒子的最小解为(20, 15, 4)、(24, 10, 5)和(25, 8, 6)。它们的积为1200，和为39。

附带一提，我们还能回答与本案无关的第三个问题：

(3) 假设丝带是按照第23页左图绑的，设宽为x，长为y，高为z。这

样，方程组变为

$$xyz=XYZ$$
$$x+y+2z=X+Y+2Z$$

如果我们把问题1中的方程用$x, y, 2z$来代替x, y, z，对X, Y, Z也做类似操作，它便转化为问题3的这个方程。这又变回求积（现在是$2xyz=2XYZ$）与和分别相等的三元组的问题。不过，这次z和Z必须得是**偶数**。如果我们把边的顺序重排一下，可得最小解为$(6, 1, 3)$和$(9, 2, 1)$。

我开始关注这个问题是因为印度加尔各答的莫罗伊·德（Moloy De）找到了四个、五个和六个有相同积与和的最小三元组：

四个包裹：

$(54, 50, 14)$　$(63, 40, 15)$

$(70, 30, 18)$　$(72, 25, 21)$

和为118，积为37 800。

五个包裹：

$(90, 84, 11)$　$(110, 63, 12)$　$(126, 44, 15)$

$(132, 35, 18)$　$(135, 28, 22)$

和为185，　积为83 160。

六个包裹：

$(196, 180, 24)$　$(245, 128, 27)$　$(252, 120, 28)$

$(270, 98, 32)$　$(280, 84, 36)$　$(288, 70, 42)$

和为400，积为846 720。

RATS 数列

接下来的数是1345。

这里的规则是："反向（Reverse），相加（Add），再排序（Then Sort）"。此处的"排序"，我是指去掉零以后进行升序排列。例如，

16+61=77，不需要排序

77+77=154，排序后得145

145+541=686，排序后得668

668+866=1534，排序后得1345

约翰·康威曾猜想，这个数列无论从什么数开始，最终要么在某些数中循环往复，要么变为以下不断变大的数列

$$123^n4444 \rightarrow 556^n7777 \rightarrow 123^{n+1}4444 \rightarrow 556^{n+1}7777 \rightarrow \cdots$$

这里的n代表有n个数字重复，而不是指幂。

数学日

接下来的三重回文时刻为21:12 21/12 2112。接下来的全回文时刻为20:02 30/03 2002（英制）。

巴斯克特球的猎犬 🔍

"确实如此，夫人，何生医生说得对，"夏尔摩斯说，"意识到只有四个石球被动过，这让原来的摆放显而易见。"

"是怎么摆的呢？"

"之前夫人您说过，摆放方式只能是家族的男性继承人知道。"

"也就是埃德蒙·巴斯克勋爵，"我补充说，"而他正昏迷着。这让我们很为——"

"别闹了！"风信子夫人打断了我，"你可以告诉我。"她脸上流露出了一副必须知道的表情。

"好吧，"夏尔摩斯一边说，一边快速地比划起来，"那只贵——大恶犬——必定是把黑点上的四个石球移动到了白点上。或者是这个解的其他两种旋转后的解之一。但您说过摆放的方向无所谓。"

现在我终于明白他之前为什么要问方向的问题了。

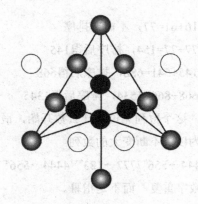

原来的摆放

"太棒了！"风信子夫人脱口而出，"我会让维里金斯照这个来摆。"

"但这违反仪式的规定吗？"我问道。

"当然啊，何生医生。但没有理性的理由去恐惧会发生任何恶果。那些古老的禁忌只不过是一堆老旧的，呃，迷信。"

一个月后，夏尔摩斯递给我本《曼彻斯特八卦》。

"天啊！"我叫出声来，"巴斯克勋爵死了，巴斯克庄园也被烧了！财产保险公司拒绝支付因邪恶力量造成的损失，现在整个家族都毁了！风信子夫人因失心疯被关进了疯人院！"

夏尔摩斯点点头。"我确信这一定只是巧合，"他说，"现在想来，当时我真该告诉夫人这是那只小贵宾犬闯的祸。"

数字立方

370，371和407。

尽管这个问题据称没什么数学意义，但你还是得有比较好的数学功底才能找到这四个解，并证明仅有这四个解。

我在此粗略提供一个方法。

由于以0开头的数字都排除在外，因此只需要试验900种组合。不过我们可以先消减一下。十个数字的立方分别是0, 1, 8, 27, 64, 125, 216, 343, 512和729。而三个数字的立方之和要小于等于999，因此我们可以把所有包含两个9、两个8以及一个8和一个9的这类数去掉。

假设有一个数字是0，那么所求的数是两个数字的立方之和。在这样的55对中，只有343+27=370及64+343=407符合条件。

接下来假设没有0，但有一个数字是1。做类似的计算可得到125+27+1=153和343+27+1=371。

现在我们可以继续假设没有0和1。这样进一步缩小了用来计算的立方列表。依此类推。

考虑其他诸如奇偶数之类的特性，能进一步减少计算量。虽然这种方法有点繁琐，但它是一个系统性的方法（这也是夏尔摩斯一直推荐的），遵循这类方法不会出现什么大的问题。

水仙花数

在这里，我们允许以零开头。

四位水仙花数：0000 0001 1634 8208 9474

五位水仙花数：00000 00001 04150 04151 54748 92727 93084

没有任何提示！ 🔍

何生的答案

"夏尔摩斯！"我嚷道，"我做出来了！"

"嗯，凶手是格拉芬·黎洛特·冯·芬克尔斯坦，她骑着她的纯种马'伊戈尔亲王'，后面还拉着三匹马车役马来掩盖足迹——"

"不对，不对，夏尔摩斯，我说的不是你的案子！是在说这个谜题！"

他粗略地扫了一眼我做的答案。"没错。毫无疑问，靠蒙的吧。"

"当然不是，夏尔摩斯，我是靠逻辑推理出来的，你已经把它深深地印刻在了我的脑子里。首先，我注意到每个部分的数字之和为20。"

"因为整个方块的数字之和是$(1+2+3+4)×4=40$，然后均分给两个部分。"夏尔摩斯漫不经心地说道。

"没错。一旦我意识到要把注意力放到面积**较大**的部分，答案就慢慢浮现出来了。这个部分的最底下一行是四个空格，里面必定是以某种顺序填上$1,2,3,4$，而它们加起来是10。因此，剩下的三行加起来也等于10。这只有一种可能的填法，那就是以某种顺序在最上面一行填上$1,2,3$，在第二行以某种顺序填上$1,2$，在第三行填上1。"

"为什么呢？"

"其他随便怎么填都会使得和太大。"

"你确实是在进步，何生。非常好。请继续。"

这小小的表扬不由让我笑了起来，因为从夏尔摩斯那里得到的**任何**赞许都会让我像吃了蜜一样开心。"好吧——接下来很容易确认另一个部分也只有一种可能的填法。这个部分里的数字都是自然而然的了：比如第一行最后一格就必须得是4，接下来所有的4就只能沿着对角线填下来，然后两个3的位置也固定了，最后2把剩下的空格填满。"

这道谜题出自：Gerard Butters, Frederick Henle, James Henle, and Colleen McGaughey, "Creating Clueless Puzzles," *The Mathematical Intelligencer* 33 No. 3 (Fall 2011) 102–105. 也可以浏览网站：

http://www.math.smith.edu/~jhenle/clueless/

数独简史

奥扎南谜题的两种基本排法分别如下：

A♠	K♥	Q♦	J♣		A♠	K♥	Q♦	J♣
Q♣	J♦	A♥	K♠		J♦	Q♣	K♠	A♥
J♥	Q♠	K♣	A♦		K♣	A♦	J♥	Q♠
K♦	A♣	J♠	Q♥		Q♥	J♠	A♣	K♦

请注意：以上每种排法通过置换牌点和花色都能扩展为576种，所以如果你的解答看起来与它们不一样，请不要觉得奇怪。如果你在第一行是以A♠K♥Q♦J♣（或把你的排法调整成这样）开头的，那你只需考虑置换另三行就可以了。

一倍，两倍，三倍

2	1	9		2	7	3		3	2	7
4	3	8		5	4	6		6	5	4
6	5	7		8	1	9		9	8	1

牌面向下的 A 🔍

"那都不过是花招，何生。只要准备妥当，这个把戏会自动奏效，而不管观众选取了什么折叠方法。"

"什么？那么厉害？"

夏尔摩斯咕哝道："在准备牌的时候，胡杜尼把四个A分别放在了牌堆从上往下数的第1、6、11和16张。因此当把牌发成方阵之后，A就在左上–右下的对角线上。但由于牌面向下，所以你们没发现牌已经做过了手脚。

"假如把那条对角线上的牌面翻开，那么这个方阵就有着与国际象棋棋盘一样的黑白相间模式，并且其中A都在对角线上：

对角线翻开后，胡杜尼魔术的初始摆放

　　"现在,这样的摆放有一个很有趣的数学特性。**无论**你如何折叠方阵,在任意阶段,折叠后的牌在给定某一位置都面向同一个方向：要么都面向上,要么都面向下。"

　　"真的吗？"

　　"让我们试试吧。比方说,我们先沿着中间的垂直线对折。观察最顶上的一行纸牌,右起第三张牌原来面向上,现在翻转,变成面向下,并盖在了原来的第二张牌上——那张牌是面向下的。第四张牌也翻转了(现在面向上),并盖在了原来的第一张牌上——那张牌面也是向上的。"

　　我隐约有点明白是怎么回事了。"而其他几行也是如此？"

　　"是的。第一次折叠后,牌阵变成了一个由小牌堆构成的长方形。每堆牌都面向同一个方向(面向上或面向下),并且这些牌堆有着与初始牌阵一样的黑白相间模式。因此,下一次折叠的效果与第一次是一样的,依此类推。最后当叠成一堆时,所有牌都面向同一个方向了。"

"确实,但是——在我们开始时,对角线上牌的面向与黑白相间模式要求的面向相反啊。"

这原本是我的非难,但他反而笑了起来。"没错!所以折叠之后,原来是相反的**还会是相反**的。因此,魔术里的十六张牌,有十二张牌面向一个方向,剩下四张则与之相反,没有全部面向同一个方向。"

这简直是太狡猾了。

国际象棋棋盘的黑白相间模式有一个被数学家称为"颜色对称性"的特征。对折线就像一面镜子,而每张牌的镜像落在了另一张面向相反的牌上面。这个概念还被用于研究晶体中原子的排列。这里的巧妙之处在于把数学原理落实为切实可行的纸牌戏法。这并不是由胡杜尼做到的。依据他一贯的行事风格,他是从这项魔术的发明人亚瑟·本杰明那里偷学的,后者是加州哈维·玛德学院的一位数学家兼魔术师。

拼图佯谬

两个形状其实**都不是**三角形。第一个的"斜边"是突起的,第二个的"斜边"是凹下去的。而这正是缺失的那个正方形的由来。

恐怖猫门案 🔍

夏尔摩斯满意地点了点头。"我有办法了,何生!首先'肝硬化'(C)出来,接着'发育异常'(D)出来,'动脉瘤'(A)出来,然后'肝硬化'(C)再回去,'肠鸣'(B)出来,最后'肝硬化'(C)再出来。"

我们随后开始操作这一精细的流程,按顺序把猫引出来又推回去。"小心点,夏尔摩斯!"我轻声地说,"一个失误就会把这里夷为平地。我现在还不想让我和我的猫上天堂。我还穿着没熨过的裤子,猫也需要洗一洗。"

"别担心,何生。"他一边说,一边试图把"肝硬化"(C)抓住,防止它因为难受而逃跑，"你可以完全信任我的方案。"

"这我并不怀疑，夏尔摩斯。"我一边回答，一边匆忙四下张望，想找个能掩护的东西，"呃——那你是怎么推理的？"

他问我借了记事本和铅笔。

"猫在房子里一共有16种可能：ABCD、ABC、ABD，如此等等，直到一只也不剩（把这记作*）。同时，用→表示一次可能的步骤：一只猫通过猫门。

"第一个条件排除了AC和ABC两种情况。第二个条件排除了BD和BCD。第三个条件排除了AD。第四个条件排除了CD。第五个条件则排除了A→*和B→*两种变化。

"现在，第一步只能是ABCD→ACD或ABD。然而，ACD→AC、AD或CD，这三种情况都是不允许的。因此，只能有ABCD→ABD。接下来，ABD→AD和ABD→BD是不允许的，所以我们只能有ABD→AB。然而，由于如果只有A在屋里，它就不会出去，所以走AB→A这步就没什么意义了。因此，AB→B。但B也不会独自出去，这样就得有别的猫回来一下。如果让A回来就回到了状态AB，如果让D回来会造成不允许的BD，所以只能让C回来，也就是B→BC。然后BC→C→*。

"我们也可以通过画图来表示这些情况，这样看起来更直观些。"他画着图补充道，"这张图有所有猫的16种组合情况，连接的细线表示猫进出猫门的可能步骤。黑点表示不允许的状态，两个大叉表示需要排除的步骤。粗线就是ABCD只走符合条件的点和线且不走回头路到达*的唯一路径。"

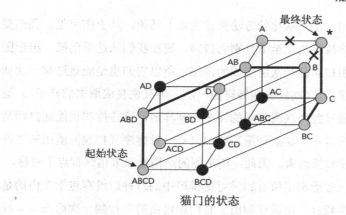

猫门的状态

　　不一会儿，我和我毛茸茸的朋友们又团圆了。"夏尔摩斯，我该如何感谢你才好。"我抱着这些小家伙高兴地说。

　　他看了一下自己的上衣，淡淡说道："给猫多洗洗澡吧，何生。"

煎饼数

　　(1) 不可以。

　　(2) 某些四块煎饼的饼堆需要翻四次，比如下面这个。还有两种情况见后面的树形图。这样的饼堆没有需要翻四次以上的。

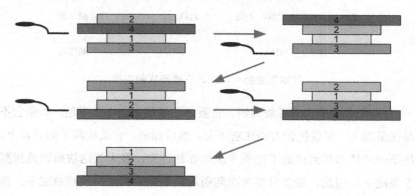

一个需要翻四次的饼堆

这里给出一个系统化的方法来证明以上结论。从上图可见，我们要求得到的最终排序由上至下分别为1234。现在我们从这里倒推。树形图的第一行是由1234翻一次所形成的排序，所以它们**也**是能通过翻一次就变为1234的排序。（同样的翻转再做一次，则又恢复成原来的样子。）第二行是1234通过翻两次所形成的排序。同样地，这些排序也能通过翻两次变为1234的排序。注意到第三行中只有一种排序（1324）能由第二行中的两种排序转换而来。因此，树形图的结构看起来稍微有点不对称。

第一至三行给出了所有24种可能排序中的21种。没有包括在内的是2413、3142和4231。第四行列出了它们如何由第三行翻一次而来——或者倒推整个过程，它们如何翻四次而变为1234的排序。（其他与第三行相连的连线在这里都略去，以免树形图看起来太复杂。）上面第二题的示意图即为2413排序的情况。

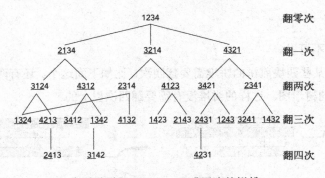

分别需要翻一、二、三或四次的饼堆

(3) 先考察最大的那块煎饼，它要么在最顶上，要么不是。如果它不是在最顶上，那就把铲刀插在它下面，然后翻面，它就被翻了到最顶上。接下来将铲刀插到最底下把整个饼堆都翻过来，最大的这块煎饼就排到了最底下。因此，最多只要两次翻面就能把最大的煎饼放到最底下。接下来，再对第二大的煎饼做类似操作：最多也只要两次翻面就能把它放到最大煎饼的上面。依此类推，操作第三大的煎饼。由于最多只要两次翻面就能把煎饼摆至其应排的位置，所以最多只要2n次翻面就能成功地把n块煎饼排好序。

(4) P_1=0, P_2=1, P_3=3, P_4=4, P_5=5.

煎饼排序问题由雅各布·古德曼在1975年提出，当时他用了哈里·杜威特（Harry Dweighter）的笔名。（大声读出这个笔名，并把姓读得像Dwayter，你就能看出笑点了——快点儿，服务员。）至今已知的解，是n最大到19，n=20的解还未知。具体结果如下：

n	1	2	3	4	5	6	7	8	9	10
P_n	0	1	3	4	5	6	8	9	10	11
n	11	12	13	14	15	16	17	18	19	20
P_n	13	14	15	16	17	18	19	20	22	?

煎饼数看起来是按序递增的，随着n增大依次加1。比如当n=3, 4, 5, 6时，P_n为3, 4, 5, 6。但当n=7时，这个递增模式就不对了，因为P_7=8，而不是7。此后，第二个跳跃处出现在n=11，再之后是n=19。

我在第三题给出的翻面上限（最多2n次），还有改进余地。1975年，威廉·盖茨（没错，就是那个比尔·盖茨）和赫里斯托斯·帕帕季米特里乌把上限变为了(5n+5)/3。

盖茨和帕帕季米特里乌还讨论了烤煎饼问题。在这个问题中，每块煎饼都只烤了上面或下面中的一面，除了需要像普通煎饼问题那样顺次排序，还需将烤过的那面放在下面。1995年，戴维·科恩证明了烤煎饼问题需要至少翻3n/2次，至多需要翻2n-2次。

如果你想处理n=20的情况，请记住这时有

$$2\ 432\ 902\ 008\ 176\ 640\ 000$$

种可能排序需要处理。

神秘马车轮案 🔍

"车轮的直径是58英寸，"夏尔摩斯说，"显然，这是毕达哥拉斯定理的一个基本应用。"

我思考着。对于几何和代数，我还是略懂一二的。"让我试试，夏尔摩斯。假设车轮的半径是r。你画的图中阴影三角形是个直角三角形，它的斜边是r，另外两边分别是$r-8$和$r-9$。根据你的提示，利用定理，得到

$$(r-8)^2+(r-9)^2=r^2$$

也就是说，

$$r^2-34r+145=0"$$

我看着方程，停了下来。

"用二次因式分解，何生：

$$(r-29)(r-5)=0"$$

"这样解就出来了！答案是$r=29$和$r=5$。"

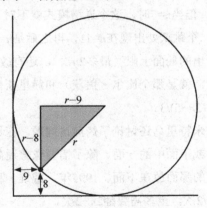

考虑这个三角形……

"对。但你必须记住，直径是$2r$，所以直径是58或10英寸。不过，由于直径必须大于20英寸，所以10英寸需要被舍弃。留下的是——"

"58英寸。"我接道。

V 字形雁阵之谜

Florian Muijres and Michael Dickinson, "Bird flight: Fly with a Little Flap from Your Friends," *Nature* 505 (16 January 2014) 295–296.

S.J. Portugal, "Upwash Exploitation and Downwash Avoidance by Flap Phasing in Ibis Formation Flight," *Nature* 505 (16 January 2014) 399–402.

令人惊叹的平方

其中的一般原理可以用代数来解释，但这里我不会做得那么正式，只是举例说明。让我们反过来看一下整个过程，从下面这个等式开始

$$9^2+5^2+4^2=8^2+3^2+7^2$$

并将其扩展为

$$89^2+45^2+64^2=68^2+43^2+87^2$$

很容易验证第一个等式成立，但为什么第二个等式也成立呢？

两位数[ab]的数值为10a+b。因此，我们可以将等式左边改写为

$$(10\times8+9)^2+(10\times4+5)^2+(10\times6+4)^2$$

即

$$100(8^2+4^2+6^2)+20(8\times9+4\times5+6\times4)+9^2+5^2+4^2$$

类似地，等式右边变为

$$100(6^2+4^2+8^2)+20(6\times8+4\times3+8\times7)+8^2+3^2+7^2$$

比较两式，由于$6^2+4^2+8^2$和$8^2+4^2+6^2$只是顺序上不同，所以第一项相等；而由第一个等式可知第三项也相等。因此，我们只需确认中间这项是否也相等，即等式

$$8\times9+4\times5+6\times4=6\times8+4\times3+8\times7$$

是否成立。事实上，它们都等于116。

即使我们用任意三个数字来替代8, 4, 6，之前的描述都成立。而我们所要做的只是恰当选择这三个数字，使得最后一个等式成立。

剩下的解释是类似的。

三十七疑案 🔍

在夏尔摩斯的不断催促下，我终于意识到谜题的关键是111=3×37这个式子。那些可以得到一长串重复数字的三位数，都是3的倍数，比如123, 234, 345, 456和126。这些数乘以37，就相当于原数的1/3乘以3×37（111）。

不妨以夏尔摩斯所说的486为例。它等于3×162。因此，37乘以486486486486486486486相当于111乘以162162162162162162162。而另一方面，111=100+10+1，于是结果就是将以下数相加

$$162162162162216216200$$
$$16216216216216216216216 20$$
$$162162162162162162162$$

从右到左，我们得到0+0+2=2，接着是0+2+6=8。随后，便是2+6+1、6+1+2、1+2+6，循环往复，直到接近最左侧为止。这些都是2, 6, 1以不同的顺序相加，所以结果都是9。

当夏尔摩斯解释完原因，我表示异议道："你说得没错，但如果三个数字之和大于9呢？那就需要有一个进位了！"

他的回答简洁明了："是的，何生，但每次的进位都是一样的。"我最终意识到，这意味着结果仍然是同一个的数字重复多次。

"当然，还有其他更正式的证明方法，"夏尔摩斯补充道，"不过我认为这样已经把事情讲清楚了。"说完他坐回到椅子上，整个晚上一直翻着报纸没再说一句话，我则下楼向肥皂泡太太要了盘戈贡佐拉干酪三明治。

平均速度

我们使用了错误的平均数。我们需要使用调和平均数（详见下文），而非算术平均数。

通常，我们定义的"平均速度"是行程中全部路程除以所花时间。如果行程被分成了数段，那么一般来说，它的平均速度不能使用各段平

均速度的算术平均数。如果各段路程所花时间一样，那么使用算术平均数是可行的。但如果只是各段距离相同，那就不能使用算术平均数，本例就是如此。

我们先看时间相等的情况。假设某车以时速a开了t小时，接着又以时速b开了t小时。总路程为$at+bt$，总耗时$2t$。因此平均速度为$(at+bt)/2t$，化简后得到$(a+b)/2$，即a和b的算术平均数。

我们再来看距离相等的情况。假设某车以时速a开了r小时，一共开了d英里。接着，车夫继续以时速b开了d英里，用时s。总路程为$2d$，总时间为$r+s$。接下来将r和s分别用a和b表述出来。由于$d=ar=bs$，因此$r=d/a$，$s=d/b$。平均速度为$2d/(d/a+d/b)$，化简后得到$2ab/(a+b)$，即a和b的调和平均数。它是a和b的倒数（$1/a$和$1/b$）的算术平均数的倒数。之所以会这样，是因为时间与速度是成反比关系的。

无提示伪数独四则

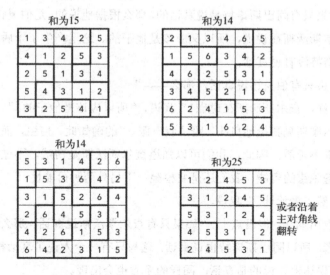

无提示伪数独答案

这几个谜题同样出自：Gerard Butters, Frederick Henle, James Henle, and Colleen McGaughey, "Creating Clueless Puzzles," *The Mathematical Intelligencer* 33 No. 3 (Fall 2011) 102–105.

文件被盗之谜 🔍

"查尔斯沃斯是小偷。"夏尔摩斯说。

"你确定吗，福洛克？你的对错可决定着很多事情。"

"毫无疑问，谍克罗夫特。他们是这么说的：

阿巴斯诺特说：'是伯灵顿干的。'

伯灵顿说：'阿巴斯诺特在撒谎。'

查尔斯沃斯说：'不是我干的。'

达逊汉说：'是阿巴斯诺特干的。'

我们知道只有一个人说了真话，另外三个人都在说谎。这就有四种可能性。让我们一个一个地排查。

"如果只有阿巴斯诺特是说真话的，那么根据他说的，是伯灵顿干的。然而查尔斯沃斯在说谎，所以又应该是他干的。这里产生了矛盾，所以阿巴斯诺特没有说真话。

"如果只有伯灵顿说真话，那么——"

"同样，查尔斯沃斯在说谎！"我说，"所以应该是他干的。"

夏尔摩斯见我抢他风头，瞪了我一眼。"的确如此，何生，而且与其他陈述都不矛盾。因此，我们可以知道查尔斯沃斯是窃贼。不过，为了排除丝毫犯错的可能，我们还是要检验一下另外两种可能性。"

"当然，老伙计。"我说。

他取出烟斗，但没点上。"如果只有查尔斯沃斯说真话，那么伯灵顿就在说谎，所以阿巴斯诺特也说真话，这与只有一个人说了真话相矛盾。

"如果达逊汉说的是真话，同样的矛盾也会出现。

"所以只有一种可能性，那就是伯灵顿是唯一说真话的人，从而可以确定查尔斯沃斯就是小偷。与何生敏锐的推理得出的结论一样。"

"谢谢，先生们，"谍克罗夫特说，"我就知道你们值得信赖。"他示意了一下，一个模糊的身影走进房间。他们耳语了几句，那人便离开了。"船长的住所会被仔细搜查，"谍克罗夫特接着说，"我确信在那里一定能找回文件。"

"那我们就挽救了帝国！"我补充道。

"直到下次再有人把秘密文档落在马车上。"夏尔摩斯冷冷说道。

在回去的路上，我低声对我的搭档说："夏尔摩斯，如果谍克罗夫特是质数方面的专家，那么他在反间谍机构里到底做什么呢？这两者好像没什么关系啊，有什么关系吗？"

他注视了我一会儿，摆了摆头。我不太确定，他这是在确认两者没关系呢，还是警告我别再问下去了。

另一道数的谜题

$$123456 \times 8 + 6 = 987654$$
$$1234567 \times 8 + 7 = 9876543$$
$$12345678 \times 8 + 8 = 98765432$$
$$123456789 \times 8 + 9 = 987654321$$

接下来"应该"怎样并不完全确定：或许是

$$1234567890 \times 8 + 10$$

算得9876543130，这个模式就此终结。但也许我该用(123456789)×10+10=1234567900。现在，

$$1234567900 \times 8 + 10 = 9876543210$$

接下去，(12345678900)×10+11=123456789011，于是

$$12345679011 \times 8 + 11 = 98765432099$$

如果你继续实验下去，另一个模式会浮现出来，并且它会无限延续下去。

一签名：第二部分 🔍

这里给出一种解答：

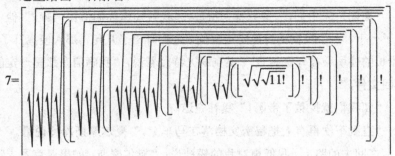

解释参见第114页《一签名：第三部分》。

欧几里得涂鸦

如果给你一两天时间，你能用分解质因数的方法来手算这道题目。你得算出

$$44\ 758\ 272\ 401=17\times17\ 683\times148\ 891$$

$$13\ 164\ 197\ 765=5\times17\ 683\times148\ 891$$

然后得到两数的最大公因数是$17\ 683\times148\ 891$，等于$2\ 632\ 839\ 553$。

而如果使用欧几里得算法的话，整个计算过程如下：

$$(13\ 164\ 197\ 765;\ 44\ 758\ 272\ 401)$$

$$\rightarrow(13\ 164\ 197\ 765;\ 31\ 594\ 074\ 636)$$

$$\rightarrow(13\ 164\ 197\ 765;\ 18\ 429\ 876\ 871)$$

$$\rightarrow(5\ 265\ 679\ 106;\ 13\ 164\ 197\ 765)$$

$$\rightarrow(5\ 265\ 679\ 106;\ 7\ 898\ 518\ 659)$$

$$\rightarrow(2\ 632\ 839\ 553;\ 5\ 265\ 679\ 106)$$

$$\rightarrow(2\ 632\ 839\ 553;\ 2\ 632\ 839\ 553)$$

$$\rightarrow(0;\ 2\ 632\ 839\ 553)$$

因此，最大公因数为$2\ 632\ 839\ 553$。

123456789 乘以 X

$$123456789×1=123456789$$
$$123456789×2=246913578$$
$$123456789×3=370370367$$
$$123456789×4=493827156$$
$$123456789×5=617283945$$
$$123456789×6=740740734$$
$$123456789×7=864197523$$
$$123456789×8=987654312$$
$$123456789×9=1111111101$$

除了那些乘以3的倍数（也就是3, 6和9）的乘式，其他乘式的答案都以某种顺序包括了所有九个非零数字。

一签名：第三部分 🔎

由于

$$62=7×9-1=7/.\dot{1}-1$$

再根据第278页用两个1表达7的式子，我们就能用四个1得到62了。

夏尔摩斯和何生一度对用四个1凑出138感到绝望，不过借助何生对平方根和阶乘的洞见以及系统化的方法，他们最终发现只要用三个1就能凑出138。也是从由两个1凑成7开始，接下来

$$70=\lfloor\sqrt{7!}\rfloor$$

$$37=\left\lceil\sqrt{\sqrt{\sqrt{\sqrt{\sqrt{\sqrt{70!}}}}}}\right\rceil$$

$$23=\left\lceil\sqrt{\sqrt{\sqrt{\sqrt{\sqrt{37!}}}}}\right\rceil$$

$$26 = \left\lceil \sqrt{\sqrt{\sqrt{\sqrt{23!}}}} \right\rceil$$

$$46 = \left\lceil \sqrt{\sqrt{\sqrt{\sqrt{26!}}}} \right\rceil$$

最后借助一个巧妙的方法，只用一个1就达到乘以3的效果，即

$$138 = 46 / \sqrt{.\bar{1}}$$

抛公平硬币并不公平

Persi Diaconis, Susan Holmes, and Richard Montgomery, "Dynamical Bias in the Coin Toss," *SIAM Review* 49 (2007) 211–223.

非技术性总结参见：Persi Diaconis, Susan Holmes, and Richard Montgomery, "The Fifty-One Percent Solution," *What's Happening in the Mathematical Sciences* 7 (2009) 33–45.

掷骰子也存在类似效应——事实上，不止是通常的正六面体，所有其他正多面体也都这样。参见：J. Strzalko, J. Grabski, A. Stefanski, and T. Kapitaniak, "Can the Dice Be Fair by Dynamics?" *International Journal of Bifurcation and Chaos* 20 No. 4 (April 2010) 1175–1184.

排除不可能 🔎

"你的失误在于，"夏尔摩斯说，"没有注意到，和酒杯一样，酒也是可以移动的。我只需把第二和第四只酒杯里的酒，倒到第七和第九只酒杯里就可以了。"

贻贝的力量

Monique de Jager, Franz J. Weissing, Peter M.J. Herman, Bart A. Nolet, and Johan van de Koppel, "Lévy Walks Evolve Through Interaction Between Movement and Environmental Complexity," *Science* 332 (4 June 2011) 1551–1553.

证明地球是圆的

我们在第274页已经看到，计算各段距离相同时的平均速度，应该使用调和平均数，而不是算术平均数。类似地，在考虑风速的情况下估算两个机场之间的距离时，我们也会见到调和平均数。我们先简化一下模型，假设飞机以直线飞行，且相对于空气的速度是c，风向与飞行的方向保持一致，且风速为w。同时，假设c和w始终保持不变。于是我们得到逆风速度$a=c-w$和顺风速度$b=c+w$，并希望借助耗时r和s来估算距离d。为了消去w，我们先求解a和b，得到$a=d/r$和$b=d/s$。因此，

$$c-w=d/r \quad c+w=d/s$$

将两者相加，消去w，得到$2c=d(1/r+1/s)$。于是$c=d(1/r+1/s)/2$。假设如果没有风，单程所需的时间为t，显然有$d=ct$。因此，

$$t=d/c=d/[d(1/r+1/s)/2]=1/[(1/r+1/s)/2]$$

也就是r和s的调和平均数。

简而言之，如果我们以飞行时间计的话，这个关于风的影响的简单模型告诉我们，我们需要对往返的飞行时间求调和平均数作为平均值。

123456789 乘以 X（续）

$$123456789×10=1234567890$$
$$123456789×11=1358024679$$
$$123456789×12=1481481468$$
$$123456789×13=1604938257$$
$$123456789×14=1728395046$$
$$123456789×15=1851851835$$
$$123456789×16=1975308624$$
$$123456789×17=2098765413$$
$$123456789×18=2222222202$$
$$123456789×19=2345678991$$

除了可被3整除的数外，其他数的积也都由0-9这十个数字乱序组成……一直到19，这个规律才被打破（19不是3的倍数，对应的积没有0，却有两个9）。

但接下去这个规律又出现了：

$$123456789×20=2469135780$$

$$123456789×21=2592592569$$ （21是3的倍数，所以数字重复是没有问题的）

$$123456789×22=2716049358$$

$$123456789×23=2839506147$$

接下来的例外是28和29。随后，30-36继续符合规律，到37又出现了例外。此后的数我没有再计算。接下来的情形会是怎样的呢？我也不知道。

正五边形之谜

夏尔摩斯收紧纸带的结，然后把它压平，放在光下看。

"怎么可能，是个五边形！"我大叫起来。

"更精确地说，何生，它**看上去**是个正五边形，其中有一条对角线可见，而另三条被遮住了。注意到没有水平的那条对角线。而如果我们把它添上去，比如把纸带再折一下，我们将看到——"

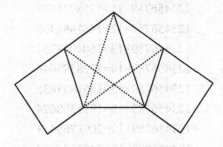

被压平后的单结（虚线表示被遮住的纸条边缘）

"一个五角星！五芒星！在黑魔法中用来召唤恶魔！"

夏尔摩斯点了点头。"不过它没再折一下，所以缺了一条边，五芒星不完整，而恶魔会逃出来。所以这个符号代表了威胁要在世上释放邪恶力量。"他冷笑一声，继续说道，"当然，世上根本没有超自然的恶魔，也就谈不上召唤和释放。但有些人会有恶魔般的品性——"

"比如阿尔热巴拉（Al-Jebra）恐怖组织！"我叫出声来，"他们曾在阿尔热巴拉斯坦用大数学杀伤性武器追击我！"

"冷静点，何生。不，我脑子里想到的是数字数学魔法会。那是一个鲜为人知的团体，我强烈怀疑它是莫亚里蒂的邪恶计划的一部分。我以前曾遭遇过它，而现在我终于可以补上最后一环，给那位卑鄙教授狠狠一击，彻底摧毁其全球性犯罪网络的这一部分。前提是……"

"前提是什么，夏尔摩斯？"

"前提是我们能就本案向法庭提交不容置疑的证据。我们怎么**知道**这个五边形是正五边形？"

"这难道不是极其简单的吗？"

"恰恰相反，很快你会承认，这还真是难以察觉，并且有可能是不成立的——尽管实际上，人们对此的直觉是对的。我敢说，一旦我们确立了这个事实，其他事情就都水到渠成了，但只是眼睛看着像还远远不够。不过，我先得假设图案画得没错，我们得到的是一个有着四条对角线的五边形。但它是正五边形吗？这仍未可知。如果确实如此，这必定是出于纸带的宽度始终相等的缘故。

"让我们像伟大的欧几里得那样将每个角都标上符号，然后开始我们的几何推理吧。"

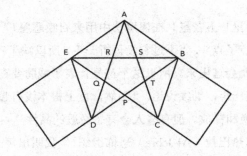

　　标上符号的被压平后的单结（这里没有画出线段CD，是因
为我们还不知道它是否与BE平行）

　　我在此必须提醒一下各位读者，下面的讨论只有对欧几里得几何有
所了解的人才会感兴趣。

　　"我先从几个简单的结论开始，"夏尔摩斯说，"这些结论用基本的几
何技巧就能证明，所以我略过了这些细节。

　　"首先，注意到如果两条具有相同宽度且两边平行的纸带交叉的话，
那么它们的交叉部分是一个菱形——四条边都相等的平行四边形。此外，
如果这样两个菱形的边长和宽度都相等，那么它们全等——也就是说，
它们有着相同的大小和形状。在这个被压平后的单结生成的形状中，存
在三个全等的菱形。"

　　"为什么只有三个？"我疑惑地问道。

　　"因为CD和BE并不没有与纸带的边缘重合，因此我们还不能确定
CDRB和DESC是否全等。这也是我没画出线段CD的原因。"

　　我之前没注意到这点。"那这还真是难以察觉，夏尔摩斯。事实上，
这甚至有可能是不成立的！"

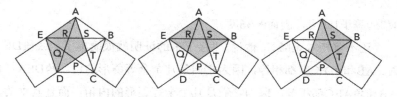

在被压平后的单结中的三个全等菱形

他叹了口气，我不知道为什么。"现在到了我的推理的关键部分。菱形的对角相等，且被对角线平分。"夏尔摩斯用希腊字母θ标记这四个角，如下面左图所示。

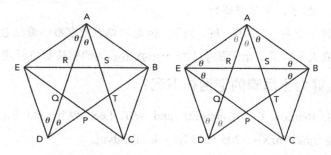

左图：四个相等的角；右图：另外五个角，都与之前的四个
角（灰色）相等

"类似地，角CAB也等于θ。由于菱形DEAT和菱形PEAB全等，我可以再把四个角标记为θ。于是有了上面右图。

"现在，何生，你得到的第一感觉是什么？"

"这里有一大堆θ。"我马上答道。

他苦笑一下，咽了口唾沫，我不知道为什么。"这像在长颈鹿脖子上那么明显，何生！看看三角形EAB。"

我想了想，一开始仍没明白。然后……这个三角形**也**有一堆θ。事实上……它**所有**的角都是由θ组成的！现在我明白了。"三角形的内角和是180度，夏尔摩斯。在这个三角形中，三个角分别是θ，θ和3θ。所以它们的和5θ等于180度，因而θ=36度。"

"还不算朽木难雕。"他说，"接下来的证明就很简单了。线段DE、EA、AB和BD长度都相等，因为它们是几个全等菱形的边。角DEA、角EAB和角ABC都相等，因为它们是几个全等菱形的内角，而且其中的角EAB等于3θ，即108度。因此，**所有这三个角**都等于108度。而这是正五边形的内角角度。"

"所以D、E、A、B、C是正五边形的五个顶角，现在我能在图中补上CD这条边了！"我不由叫道。"这太简——"我注意到了他的目光，"呃，太巧妙了，夏尔摩斯！"

他耸了耸肩。"小事一桩，何生。但足以捣毁数字数学魔法会并让莫亚里蒂恼火一阵了。至于那个人嘛……我担心他的脑袋更难开窍。"

为什么健力士黑啤的泡泡往下沉？

E.S. Benilov, C.P. Cummins, and W.T. Lee, "Why Do Bubbles in Guinness Sink?" arXiv:1205.5233 [physics.flu-dyn].

在公园里打架的狗 🔍

"狗在10秒后相撞。"夏尔摩斯说。

"我相信你是对的，"我说，"但我很想知道，这是怎么算出来的。"

"这个问题是对称的，何生，而对称性常常可以简化推理过程。三条狗始终位于一个等边三角形的三个顶点。这个等边三角形不断旋转和缩小，但形状不变。因此，从其中一条狗，比如狗A的角度看，它始终是在笔直地跑向旁边的狗B。"

"三角形不是在**旋转**吗，夏尔摩斯？"

"它确实在旋转，但这无关紧要，因为我们可以在一个旋转的参照系里进行计算。这里要紧的是三角形缩小的速度有多快。狗B始终在沿与线段AB成60度角的方向跑，因为三条狗始终构成一个等边三角形。因此，它的速度在狗A方向上的分量是1/2×4=2码每秒。所以狗A和狗B在以4+2=6码每秒的速度相互靠近。又由于最初它们相距60码，所以在过了60/6=10秒后，它们撞在了一起。"

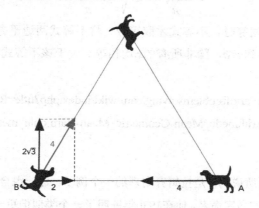

以狗A为参照系，狗B的运动是怎样的

为什么我朋友有比我更多的朋友？

假设社交网络有n个成员，而成员i有x_i个朋友。于是在这个关系网中，所有人的朋友平均数是

$$a = \frac{x_1 + \cdots + x_n}{n}$$

为了计算第三列成员i的朋友j所拥有的朋友数的加权平均数，我们将使用一种基本的数学技巧，并转而关注成员j。成员j是x_j个人的朋友，并为这每个人的朋友数贡献了x_j。因此，当成员j是其朋友时，他总共为朋友的朋友数贡献了x_j^2。第三列中总共$x_1+\cdots+x_n$个数。所以每个人朋友的朋友数的加权平均数为

$$b = \frac{x_1^2 + \cdots + x_n^2}{x_1 + \cdots + x_n}$$

现在我要说，对于任意x_j，我们都有$b>a$，除非所有的x_j均相等，这时则有$b=a$。这样说的依据是以下这个关于算术平均数与工程师所谓"均方根"（平方值取算术平均后再求平方根）的基本不等式：

$$\frac{x_1+\cdots+x_n}{n}\leq\sqrt{\frac{x_1^2+\cdots+x_n^2}{n}}$$

仅当所有x_j都相等时，不等式才取等号。将不等式两边平方并重新整理，我们便可以得到$a<b$，除非所有的x_j均相等。关于该不等式的更多信息可参见：

https://artofproblemsolving.com/wiki/index.php?title=Root-Mean_Square-Arithmetic_Mean-Geometric_Mean-Harmonic_mean_Inequality

六客人 🔍

夏尔摩斯所说的，是拉姆齐定理的一个例子。这一组合数学分支以弗兰克•拉姆齐的名字命名，他在1930年证明了一个类似但更一般化的定理。（顺便一提，他的弟弟迈克尔•拉姆齐是坎特伯雷大主教。）让我们简单介绍一下这个定理。假设有一群人围着桌子坐下，他们每个人之间由叉子或餐刀相连。选定任意两个数f和k，则有一个取决于f和k的数R，使得如果现场至少有R人，那么其中f人之间由叉子相连，或其中k人之间由餐刀相连。

这样一个最小的R被称为拉姆齐数，记作$R(f, k)$。夏尔摩斯的证明表明，$R(3, 3)=6$。除了一些简单的情况，拉姆齐数非常难算。比如，我们知道$R(5, 5)$介于43和49之间，但确切值仍未可知。

拉姆齐证明了一个更一般化的定理，其中连接（餐刀、叉子，或其他任何东西——颜色是更常见的选择，但夏尔摩斯对随手拿到的东西也能得心应手）的种类可以是任意有限多种。对于两种以上连接的拉姆齐数，唯一已知且非平凡的是$R(3, 3, 3)$，它等于17。

这个概念衍生出了非常多的一般化扩展。同样地，只有非常少数情况下相应的数我们知道确切值。引出了这一切的论文是：F.P. Ramsey, "On a Problem of Formal Logic," *Proceedings of the London Mathematical Society* 30 (1930) 264–286. 从论文名可见，他当时考虑的是逻辑学，而非组合数学。

格雷厄姆数

Martin Gardner, "Mathematical Games," *Scientific American* 237 (November 1977) 18–28.

R.L. Graham and B.L. Rothschild, "Ramsey's Theorem for *n*-Parameter Sets," *Transactions of the American Mathematical Society* 159 (1971) 257–292.

高于平均数的车夫 ✎

1981年，O. 斯文松调研了161位瑞典和美国学生，让他们评估自己的驾驶水平和安全意识优于其他多少司机。在驾驶水平方面，美国学生的中位数是六成，瑞典学生的中位数是五成，并且69%的瑞典学生认为自己高于平均数；在安全意识方面，美国学生的中位数是八成，瑞典学生的中位数是七成，并且77%的瑞典学生认为自己高于平均数。而美国学生相应的值分别是93%和88%。我曾两次通过美国的驾照考试，其中一次甚至不需要上车，所以我能理解为什么他们会如此高估自己的能力。参见：O. Svenson, "Are We All Less Risky and More Skillful Than Our Fellow Drivers?" *Acta Psychologica* 47 (1981) 143–148.

这种效应也见于对其他很多特征的评估——受欢迎程度、健康状况、记忆力、工作表现，甚至男女关系中的快乐程度。这并没有特别出人意料：它是人们维持自尊的一种方式。而缺乏自尊可以是心理缺陷的一种表现——所以为了保持健康和快乐，我们学会了高估自己的健康和快乐水平。

不知道你怎样，反正我感觉自己棒极了。

巴福汉入室盗窃案 🔎

"这两个数是4和13。"夏尔摩斯说。

"真是太妙了。我——"

"你是知道我的方法的,何生。"

"尽管如此,我还是对你的推理能力五体投地,你居然能从这么含糊的对话中得到答案。"

"先别说这个。何生,这里的关键在于,我们的每次对话都提供了额外信息,即我们**都**知道。并且我们**知道**我们都知道,如此等等。假设这两个数的乘积是p,和是s。一开始你只知道p,而我只晓得s。我们彼此都知道对方知道什么,但我们并不知道那具体是什么。

"由于你不知道这两个数是什么,所以p不可能是两个质数的乘积,比如35。因为它等于5×7,并且没有其他可表示为两个大于1的数的乘积的方式,所以你会很快推理出这两个数。基于类似的理由,它也不可能是一个质数的立方,比如$5^3=125$,因为其因式分解只能是5×25。"

"是的,这我知道。"我答道。

"更深入些,p也不可能等于qm,其中q是质数,m是合数,并且任何整除m并大于1的d使得qd大于100。"

"是——的——!"

"比如,p不能是67×3×5,它可以因式分解为三种形式:67×15、201×5和335×3。由于后两者涉及大于100的数,可以被排除,所以这两个数只能是67和15。"

"哈,非常正确。"

"你的话让我推理出了这些结论,而与此同时,我也早已从我的和中推断出了类似的信息。事实上,s不可能是那样的两个数之和。但你随后意识到了这一点,因为我告诉了你,所以你也知道了关于s的新信息。当然，我们都知道，如果s=200，那么这两个数必定都是100，如果s=199，那么这两个数必定是100和99。"

"没错。"

"一旦你排除了不可能……"夏尔摩斯说，"那么s只能是11, 17, 23, 27, 29, 35, 37, 41, 47, 51或53。"

"但你前不久才严厉批评过——"

"哦，那种办法在**数学**领域还是能用的，"他轻描淡写道，"因为在数学领域，我们可以确信，不可能的情况确实是不可能的。

"接下来到了推理的关键阶段，这时我们**都**知道我刚刚讨论过的那些事情。然后你说你能推理出这两个数了！所以我快速遍历了一遍能得到这些和的所有可能的数对，并发现在s的十一种可能性中有十种，这时一种可能性下的某对数的乘积与s的**另一种**可能性下某对数的乘积相同。由于你告诉我你现在知道这两个数了，所以这十种可能性可以被排除。最后只剩下和的一种可能性，17，以及唯一一个没有出现在s的两个不同可能性中的乘积，也就是52。它能从把17分成4+13而得到，并且只有这样一种方法。因此，这两个数必定是4和13。"

我只能再次对他敏锐的洞察力表示赞叹。

"让贝克街侦察小分队把这个信息发给鲁兰德吧。"他把那两个数写在小纸片上，"在一小时内，他就可以把那两个人绳之以法了。"

马尔法蒂的错误 🔎

1930年，海曼·洛布和赫伯特·里士满证明了在某些情况下，贪婪算法比马尔法蒂算法要好。1946年，霍华德·伊夫斯发现，对于顶角很小的等腰三角形，堆叠排列的面积几乎是马尔法蒂排列的两倍。1967年，迈克尔·戈德堡证明了贪婪算法总是比马尔法蒂排列要好。1994年，V.A. 扎格拉和G.A. 洛什证明了该算法总能得到最大面积。

如何消除不想要的回声

M.R. Schroeder, "Diffuse Sound Reflection by Maximum-Length Sequence," *Journal of the Acoustical Society of America* 57 (1975) 149–150.

多用砖之谜 🔍

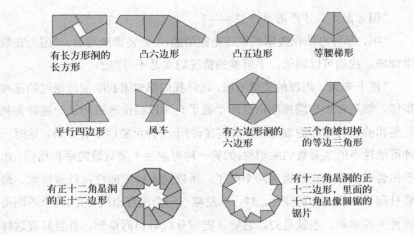

有长方形洞的长方形　　凸六边形　　凸五边形　　等腰梯形

平行四边形　　风车　　有六边形洞的六边形　　三个角被切掉的等边三角形

有正十二角星洞的正十二边形　　有十二角星洞的正十二边形，里面的十二角星像圆锯的锯片

多用砖拼出的十种图案

Thrackle 猜想

Radoslav Fulek and János Pach Fulek, "A Computational Approach to Conway's Thrackle Conjecture," *Computational Geometry: Theory and Applications* 44 (2011) 345–355.

非周期性密铺

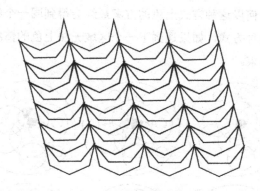

如何用七边形周期性地铺满平面

二色定理 🔎

经过三小时冥思苦想而不得，我只好恳求夏尔摩斯披露他的方法。

"但到时你又会跟我说，这实在太简单了。"

"不！绝不会！"

"我可不敢苟同，何生，因为这回**是**真的非常简单。"看我默不作声，他接着说，"好吧，假设我们只能使用黑色和灰色，而还没上色的区域留白。让我们先将一个区域涂上黑色（参见第294页上部左图）。然后，选一个相邻区域，将它涂成灰色（上部中图）。接着，我再将一个相邻区域涂成黑色，再选一个涂成灰色，依此类推。"

"我看出了，在首次选择之后，后续的涂色是没得可选的。"我犹豫不决地说道。

"对！这里的解，如果它存在的话，必定是**唯一**的——除了相互交换那两种颜色。并且你会看到，整张地图最终可以只用黑色和灰色上色。所以至少在这种情况下，解确实存在。"

"我同意。但我还没明白——"

"为什么。说得好。我亲爱的何生，这回你总算是问对问题了。问题在于要证明任何以这种方式上色的方案最终会得到同一个结果，对吧？那是因为以这种方式，如果遇到下一个区域无法上色的情况，整个过程原本就无法结束。"

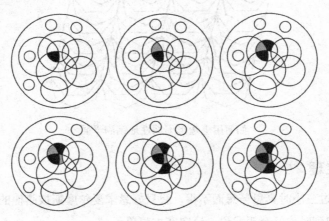

为地图上色的头几步

"我想我明白了。"

"而实际上整个过程是能完成的。"夏尔摩斯说，"不过这里有一个更简单的方法。注意到每次我们穿过一条公共边界线时，颜色就要变一回。因此，如果我们穿过奇数次边界线，那我们就必须选用灰色，而如果我们穿过偶数次边界线，我们就得选用黑色。"

我点了点头。"但是……我们如何能确保整个过程不会出错呢？"

夏尔摩斯微微一笑。"其实我们可以从我刚说过的话中得到提示，为地图上的每个区域确定下颜色。只要看给定的一个点——当然，这个点不能在圆周上，因为我们不需要为圆周上色——它外面套了几个圆就可以了。如果圆的数目是偶数，这个点所在区域就涂黑色；如果是奇数，那就涂灰色。

"现在，穿过任意一条边界线，圆的数目要么加上一，要么减去一。也就是说，奇数会变偶数，偶数会变奇数，所以在边界线两边的区域颜色是不同的。"

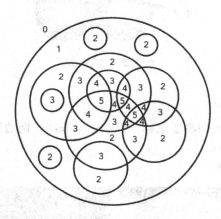

用外面套的圆的数目对各区域进行编号，注意到在边界线两边，奇偶性的变化

整个证明显而易见。"为什么，夏尔摩斯——"

"当然，"他打断了我的话，脸上露出一丝不易察觉的微笑，"有些圆可能是互切的。但同样的方法仍然适用，只需稍作限制。我们必须避免从这些相切点上穿过边界线，而稍微想想就会发现，这总是可以做到的。"

好吧，可能不是那么显而易见，但是……哦，我明白了。"这实在太——"我刚要说，但看到他的表情，我赶紧改口道，"巧妙了。"

空间中的四色定理

选取四个相同大小的球体，把其中三个摆成相接的等边三角形，再把第四个摆在中间的凹处，形成一个四面体。然后选取一个适当尺寸的较小球体，把它放在中央位置，使它与另外四个球都相接。这样，我们就有了五个球体，每个球体都与另外四个相接，因而它们都需要不同的颜色。

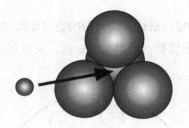

放入第五个球体

古希腊积分案 🔎

先说答案。我们需要求解方程 $\frac{4}{3}\pi r^3 = 4\pi r^2$。两边除以 $4\pi r^2$，得到 $\frac{1}{3}r = 1$。因此，$r=3$。

再来说重写本。

左图：阿基米德重写本的典型一页（竖着的是13世纪的宗教
文本，横着的是更淡的原始内容）；右图：清理后的页面，
可见清晰的数学作图

阿基米德的原始手稿没有流传下来，这个抄本（毫无疑问经辗转相抄而来）由一位拜占庭僧侣在950年左右誊写。1229年，与其他至少六份手写本一道，它被拆订并擦除（得相当）干净。羊皮纸被对折，用来誊写一份177页的基督礼仪文本。

19世纪40年代，德国圣经学者康斯坦丁·冯·蒂申多夫在君士坦丁堡（今伊斯坦布尔）偶遇这份文献。注意到底下有淡淡的数学文字，他便把其中一页带回了家。1906年，丹麦学者约翰·海贝尔意识到重写本的部分是阿基米德的作品。他拍摄了照片，并在1910年和1915年发表了一些片段。不久后，托马斯·希思把它翻译了出来，但并没有引起重视。到20世纪20年代，这份文献被一位法国收藏家收藏；后来又不知怎么流落到美国，并在1998年成为东正教教会与佳士得拍卖行诉讼的标的，教会声称这份文献于1920年在一所修道院被窃。最终法官以据称失窃的时间与提起诉讼的时间相距过久为由支持了拍卖行的主张。文献被一位匿名买家（《明镜》周刊的报道称，买家其实是亚马逊网站的创始人杰夫·贝索斯）以两百万美元的价格拍得。1999年至2008年，文献被保存在巴尔的摩的沃尔特斯艺术博物馆，并由一个研究团队通过影像加强技术识别隐藏的文字。

阿基米德的方法可以用现代语言和符号表述如下。先从一个半径为1的球体开始。如果我们将球心放在实轴中$x=1$的位置，那么在0到2之间，任意x点处的截面的半径等于$\sqrt{x(2-x)}$，其质量正比于面积，即$\pi x(2-x)=2\pi x-\pi x^2$。

然后考虑一个由直线$y=x$沿x轴旋转得到的圆锥体，同样这里$0 \leq x \leq 2$。x点处的截面是一个半径为x的圆，其面积为πx^2，其质量正比于此。因此，球体切片和圆锥体切片的面积之和为$(2\pi x-\pi x^2)+\pi x^2=2\pi x$。

将两份切片同时放在$x=-1$处，即原点左边距离为1。根据杠杆原理，它们与原点右边距离为x、面积为2π的圆恰好能保持平衡。

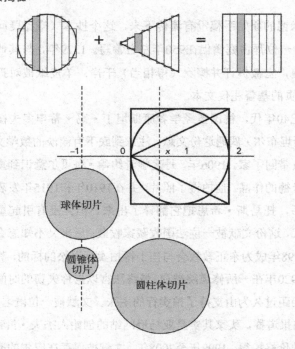

阿基米德的做法。上图：对球体、圆锥体和圆柱体（图示为截面图：球体=圆，圆锥体=三角形，圆柱体=正方形）像切面包一样进行切片，于是圆柱体切片的体积（灰色）等于对应的球体和圆锥体切片的体积之和。这里的切片并非零厚度，因此会引入误差。阿基米德想像了无限薄的切片，这样误差会变得任意小。下图：通过称重将三者关联起来。置于−1点处的球体和圆锥体切片，与置于x点处的圆柱体切片取得平衡。

现在将球体和圆锥体的所有切片都放到x=−1，于是它们的质量之和都集中在这个点上。与此相平衡的圆的面积都为2π，且布满在0到2之间，从而形成一个圆柱体。而圆柱体的质心在中间，可被视为整个质量集中在x=1处。所以根据杠杆原理，

球体质量+圆锥体质量=圆柱体质量

由于质量与体积成正比，于是

球体体积+圆锥体体积=圆柱体体积

又由之前计算可知，圆锥体体积为 $\frac{8}{3}\pi$，圆柱体体积为 4π，所以球体体积为 $\frac{4}{3}\pi$。用一般的 r 替代 1，则我们得到球体的体积公式为 $\frac{4}{3}\pi r^3$。

阿基米德还用类似的方法推导出了球体的表面积公式。

他是用几何方法描述整个过程的，但现代符号会让整个过程更易于理解。考虑到他是在约公元前250年做的这一切，以及他还发现了杠杆原理，这确实是个了不起的成就。

为什么金钱豹有斑纹

W.L. Allen, I.C. Cuthill, N.E. Scott-Samuel, and R.J. Baddeley, "Why the Leopard Got its Spots: Relating Pattern Development to Ecology in Felids," *Proceedings of the Royal Society B: Biological Sciences* 278 (2011) 1373–1380.

多边形永远下去

这个图形看上去会变得无限大，但其实它不会超过以下范围：一个半径约为8.7的圆。

正 n 边形的外接圆的半径与其内切圆的半径之比为 $\sec(\pi/n)$，这里的 sec 是三角函数中的正割函数，并且采用弧度作为角度的单位（用 π 来表示180度角）。因此，对于每个 n，图中每个正 n 边形的外接圆的半径为

$$S = \sec(\pi/3) \times \sec(\pi/4) \times \sec(\pi/5) \times \cdots \times \sec(\pi/n)$$

我们想知道，当 n 趋于无穷大时上式的极限。对两边取对数，我们得到：

$$\log S = \log(\sec(\pi/3)) + \log(\sec(\pi/4)) + \log(\sec(\pi/5)) + \cdots$$
$$+ \log(\sec(\pi/n))$$

当 x 很小时，$\log(\sec x) \sim x^2/2$，所以上述序列相当于级数

$$1/3^2 + 1/4^2 + 1/5^2 + \cdots + 1/n^2$$

而后者在n趋于无穷大时收敛。所以$\log S$是有限的，因而S也是有限的。将前一百万项相加，我们可得到一个合理的近似值8.7。

上述问题和答案，我是从哈罗德·博厄斯的书评中见到的。参见：Harold Boas, "Review: *Invitation to Classical Analysis*," *American Mathematical Monthly* 121 (2014) 178–182. 而他将这追溯自1940年爱德华·卡斯纳和詹姆斯·纽曼的《数学和想像》一书。他写道："如果这个图形出现在足够多的书中，或许这个迷人的例子将会广为人知。"

我尽我之力了，哈罗德。

赛艇手之谜 🔍

夏尔摩斯和我又发现了两种布局（不算其镜像）：

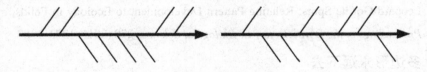

0167布局和0356布局

"这里复杂的力学问题，"夏尔摩斯说，"最终归结成了算术问题。现在我们得把从0到7的八个数分成两组，每组的和为14。"

"如果我们找到了这样一组，那另外一组也就确定了，其和也为14。"

"是的，何生，这是显而易见的：只需列出不在第一组里面的数。"

"我知道这一点很平凡，夏尔摩斯，但这意味着我们可以从包含0的那一组开始着手。不妨假设0代表艇尾左侧的艇桨，毕竟如果有必要的话，我们可以做镜像。这样就减少了我们需要考虑的情况。"

"对的。"

现在我的思路几乎如泉水般涌出。"如果这一组包含1，"我指出，"那么另外两个数之和为13，它们只能是6和7，即0167布局。如果不包含

1，但包含2，那么唯一的可能只有0257。如果以03打头，那就有两种可能：0347和0356。我们可以排除以04打头的情况，因为从5, 6, 7三个数中选两个凑出10是不可能的。类似地，也可以排除05、06和07的情况。"

"所以你的结论是，"夏尔摩斯说，"不算镜像的话，可能的情况只有

0167　0257　0356　0347

其中0257是德式布局，而0347是意式布局。因此，只有两种其他布局，也就是我刚才用火柴棒——"

他突然直起身子。"我的天呐！"

"怎么了，夏尔摩斯？"

"它刚才让我心头一亮，何生，这火柴——"他拿起它对我摇了摇，"并不是我之前以为的罕见的早期康格里夫摩擦火柴，而是伊里尼的一种微声火柴。从自己化学教授的一次失败实验中得到启发，伊里尼在火柴头上用氧化铅替代了氯酸钾。"

"嗯，这有什么特别吗，夏尔摩斯？"

"当然有了，何生。它为我们最棘手的未破案件之一照亮了新思路。"

"颠倒茶壶案！"我叫道。

"你说得没错，何生。现在，如果你的笔记记录下了火柴是放在干瘪的鹦鹉的左边还是右边……"

夏尔摩斯的分析基于：Maurice Brearley, "Oar Arrangements in Rowing Eights," in *Optimal Strategies in Sports* (eds. S.P. Ladany and R.E. Machol), North-Holland 1977; John Barrow, *One Hundred Essential Things You Didn't Know You Didn't Know*, W.W. Norton, New York 2009.

正如夏尔摩斯提醒的，这只是对一个极其复杂问题的初步的、简化的分析。

顺便一提，1877年的赛艇对抗赛打成了平局——这是该项赛事历史上的唯一一次。

正多面体圈

约翰·梅森和西奥多勒斯·德克尔发现了一个比希维尔科夫斯基所用的更简单的证明不可能性的方法。每当你将两个完全相同的正四面体面对面贴合时，它们以公共面互为镜像。

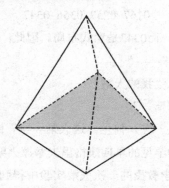

两个以公共面（阴影部分）互为镜像的正四面体

先考虑一个正四面体。它有四个面，所以存在四个这样的镜像，将它们分别记为r_1, r_2, r_3和r_4。对于某个镜像，如果再做一次反射，结果就回到原来的，因此有$r_1r_1=e$，其中e表示"没有变化"。其他镜像也是如此。因此，几个镜像的所有可能组合是诸如

$$r_1r_4r_3r_4r_2r_1r_3r_1$$

这样的乘积，其中下标序列14342131可以是由1, 2, 3, 4四个数组成的任意序列，只是任何数都不能连续出现两次。比如，14332131就是不允许的。这里r_3r_3表示同一反射做了两次，所以它等于e，也就是没有变化，因而可以去掉。

如果链是闭合的，那么对链上最后一个正四面体做反射的话，就会生成最初的那个。这样我们会得到诸如如下等式（实际可能更长更复杂）

$$r_1r_4r_3r_4r_2r_1r_3r_1=e$$

其中*e*表示"没有变化"。通过写出对应于四种镜像的公式，再利用一些合适的代数方法，我们可以证明上述等式无法成立。具体细节可参见：

Theodorus Dekker, "On Reflections in Euclidean Spaces Generating Free Products," *Nieuw Archief voor Wiskunde* 7 (1959) 57–60.

Michael Elgersma and Stan Wagon, "Closing a Platonic Gap," *The Mathematical Intelligencer* 37 (2015) 54–61.

John Mason, "Can Regular Tetrahedrons Be Glued Together Face to Face to Form a Ring?" *Mathematical Gazette* 56 (1972) 194–197.

Hugo Steinhaus, "Problem 175," *Colloquium Mathematicum* 4 (1957) 243.

Stanisław Świerczkowski, "On a Free Group of Rotations of the Euclidean Space," *Indagationes Mathematicae* 20 (1958) 376–378.

Stanisław Świerczkowski, "On Chains of Regular Tetrahedra," *Colloquium Mathematicum* 7 (1959) 9–10.

不可能路径 🔍

"你说得没错，你没有看出来。"夏尔摩斯说，"但你是知道我的方法的，试着运用一下。"

"好吧，夏尔摩斯，"我答道，"你总是教导我，去掉问题中无关紧要的东西。我现在重新梳理一下我的分析，并且为了排除任何可能的干扰，我把问题简化成其最简单的形式。我为各区域标上编号——就像这样。一共有五块区域。接下来我画出一张表示各区域及其连接性的示意图——我相信这被称为**图**。"

他静静地听着，脸上的表情不置可否。

"我们必须从区域1走到区域5，并把桥A留到最后过。从1开始，唯一的选择是过桥B，接下去桥C和桥D也没得选。然后我们必须过桥E或桥F。假设我们过桥E。我们不能接下去过桥F，因为这样我们会回到区域4，而前面无路可走。然而，我们也不能过桥A，因为这样我们就会回到区域1，前面同样无路可走。如果我们前一步选择过桥F而非桥E，情况也一样。分析完毕。"

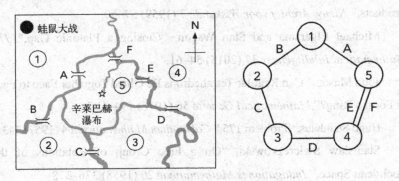

左图：何生画的五个区域；右图：连接图

"为什么呢，何生？"

"因为我已经排除了所有不可能情况，夏尔摩斯。"——他眉头一挑——"所以剩下的，不论它多么不可思议，"我继续说道，"必定就是——"

"说下去。"

"但是夏尔摩斯，根本**没东西**剩下了！所以这个问题无解！"

"不对。我已经告诉过你，有八条路径。"

"那你一定就条件说谎了。"

"我没有。"

"那我毫无头绪了。我遗漏了什么吗？"

"没有。"

"但是——"

"你**加**入了太多东西，何生。你做了一个没有依据的假设。你的错误在于假设路径不能离开地图。"

"但你跟我说过，河流最终流出瑞士国境，而我们不能重复越境。"

"是的。但地图画的不是瑞士全境。河流是从哪里发源的？"

"D'oh！"我拍了下自己的脑门。

"Dough？"

"这只不过是我抱怨自己愚蠢的下意识动作，夏尔摩斯。不是'dough'，是'D'oh！'"

"我建议你改掉它，何生。这不适合你，以后也不会流行的。"*

"听你的，夏尔摩斯。我之所以会这样口不择言，是因为我突然意识到我们可以通过绕过河流的源头，再过桥A。"

"非常正确。"

"所以我图中的区域1和4实际上是同一个区域。"

"的确如此。"

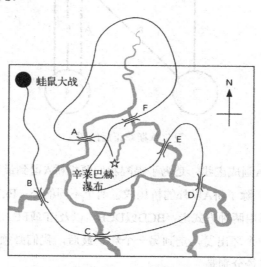

夏尔摩斯的路线

---

* "D'oh"是动画片《辛普森一家》中常见的口头禅。——译者注

"但这不公平,"过了一会儿,我说,"我怎么能确信河的源头在瑞士境内呢?源头并没有出现在你的地图中。"

"因为,何生,我告诉过你至少有一条路径符合条件。这意味着源头**必须**在瑞士境内。"

确实是这样。随后我又想起来他提到过八条路径的事。"我看出第二条路径了,夏尔摩斯:将桥E和桥F交换。但剩下的六条路径我就看不出来了。"

"哈哈。如果把区域1和4合并,那你之前说的我们必须从桥B开始就不成立了。让我修正一下你的示意图。"

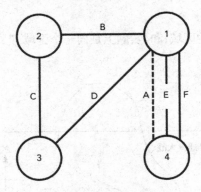

夏尔摩斯修正后的图

"我把桥A画成虚线,是为了提醒我们要把桥A留到最后过。注意到从区域1开始,除了桥A以外的桥构成了两个不同的环:BCD和EF。每个环我们都可以用两种方式走:BCD或DCB,以及EF或FE。此外,我们还可以从其中一个环出发,走到另一个环。最后,我们必须补上桥A。因此,不同的路径分别是

BCD–EF–A DCB–EF–A BCD–FE–A DCB–FE–A

EF–BCD–A EF–DCB–A FE–BCD–A FE–DCB–A

"一共八条。"

"我现在清楚看到自己错在哪里了,夏尔摩斯。"我承认道。

"你只是看到了你在这个问题上的**具体**错误,何生,但你还没有意识到背后的一般性错误,而这影响到了所有涉及排除不可能情况的论证。"

我摇了摇头,一脸茫然。"什么意思?"

"我的意思是,何生,你没有考虑**所有**可能情况。而其原因在于——"

我又拍了下自己的脑门,但这次我控制着不发出声音,以免再受到夏尔摩斯的斥责。"我忘记了要跳出框框想问题。"

译后记

与伊恩·斯图尔特教授的缘分，要从1996年他出版的《自然之数》说起。那时还是高中生的我，出于对数学的喜爱，买了这本书。没想到近二十年之后，我能成为他作品的译者。为了本书的翻译，我试着给教授发送电邮，咨询一些问题，很快就得到了他的答复。此后，我们交互的电邮多达五十几封，有咨询原文含义的、有协助修订原文的，当然也有请他撰写中文版序的。

就像作者所说，阅读本书会是一种惬意的享受。虽然作者自谦说，本书的主题是随机选取的，但细心的读者一定会发现，他对它们的组织别具匠心。通过相关的数学专题，他将文章一篇篇地衔接到一起。而栩栩如生的福洛克·夏尔摩斯和何生医生，也是本书的亮点。

在整个翻译过程中，楼伟珊编辑耐心地为我解答了很多疑问，帮我改正了翻译中大量的错误和不足。由于译者笔力不逮，使他的工作量剧增，在此由衷表示感谢和歉意。同时，也感谢我的家人和朋友给予我的帮助和鼓励。

对于能完成我的第一次出版工作，我感到非常兴奋。译者姓何，恰好书中夏尔摩斯的搭档被我译为"何生"，于是我就借他的名字作为翻译笔名。本书的翻译不可避免地存在着这样那样的问题，为此，我特别申请了一个邮箱：Dr.Watsup@outlook.com。欢迎读者不吝指正。

何生（何煜翔）

2015年8月

版权声明

Professor Stewart's Casebook of Mathematical Mysteries

by Ian Stewart

Copyright © Joat Enterprise 2014

Simplified Chinese translation copyright © 2017 by Posts & Telecom Press.

All Rights Reserved.

本书中文简体字版由PROFILE BOOKS LTD授权人民邮电出版社独家出版。未经出版者书面许可，不得以任何方式复制或抄袭本书内容。

版权所有，侵权必究。

更多推荐

黑白，2016-09，45.00 元

黑白，2016-09，49.00 元

黑白，2016-08，42.00 元

黑白，2016-05，32.00 元

黑白，2016-05，39.00 元

黑白，2016-05，45.00 元

黑白，2016-01，39.00 元

黑白，2016-01，39.00 元

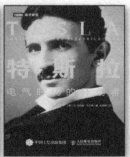

黑白，2016-01，69.00 元